四代「四跨」科技人之路

李德桃 主编

镇江

图书在版编目（CIP）数据

四代“四跨”科技人之路 / 李德桃主编. -- 镇江：江苏大学出版社，2020.5
ISBN 978-7-5684-1206-3

Ⅰ.①四… Ⅱ.①李… Ⅲ.①内燃机—学科发展—概况—镇江 Ⅳ.①TK401-1

中国版本图书馆CIP数据核字（2019）第210202号

四代“四跨”科技人之路

Sidai “Sikua” Keji Ren zhi Lu

主　　编 / 李德桃
责任编辑 / 董国军　徐子理
出版发行 / 江苏大学出版社
地　　址 / 江苏省镇江市梦溪园巷30号（邮编：212003）
电　　话 / 0511-84446464（传真）
网　　址 / http://press.ujs.edu.cn
印　　刷 / 南京艺中印务有限公司
开　　本 / 718mm×1 000mm　1/16
印　　张 / 18
字　　数 / 202千字
版　　次 / 2020年5月第1版　2020年5月第1次印刷
书　　号 / 978-7-5684-1206-3
定　　价 / 98.00元

如有印装质量问题请与本社营销部联系（电话：0511-84440882）

江苏大学能源与动力工程学院大楼一楼戴桂蕊教授铜像

南迁前，吉林工业大学和镇江农机学院两校领导同南迁师生合影（1963年）

江苏大学工程热物理研究室成员合影（1993年）

江苏大学工程热物理研究室成立三十周年合影留念（2013年）

序一

激情充分燃烧　奉献不竭动力

1959 年 4 月，毛泽东主席做出重要指示："农业的根本出路在于机械化。"为落实这一最高指示，国务院于 1960 年批准成立"南京农业机械学院"，1961 年迁址镇江并更名为"镇江农业机械学院"（江苏大学前身，下称"江苏大学"）。短短几年将南京工学院、南京农学院、吉林工业大学等高校与农机关联最紧密的专业合并，组建成全国最强的农业机械学科高校。长春汽车拖拉机学院（吉林工业大学前身，现为吉林大学）的排灌机械专业整体和内燃机教研室的部分师生于 1963 年并入镇江农机学院，蜚声中外的内燃机专家戴桂蕊、杨克刚教授率领青年才俊李德桃、林洪义等师生从北国长春移师江南镇江再"创业"。

今天，江苏大学之所以有综合实力位列全国 50 强、进入江苏高水平大学建设行列的地位和影响力，得益于有一批像戴桂蕊教授、高良润教授一样的学高德昭、潜心科教的学界翘楚打下的坚实发展基础和开创的优秀学校文化。戴先生毕生致力于教育、科研事业，取得了戴氏活塞环、内燃水泵等多项原创性成果，在我国航空界、汽车界、内燃机界，特别是农机界产生了广泛而深远的影响。戴先生后半生在江苏大学为我国排灌机械事业的发展呕心沥血，做出了重大贡献。他所创建的我校流体机械及工程学科和流体机械工程中心一直位居国内先进行列。他长期抱病工作，废寝忘食，经常通宵达旦地研究设计方案。为保证科研工作的质量和进度，他还不辞辛苦，亲自深入工厂、农村，仅遗著就有39种之多。他高度的责任感和强烈的事业心为中青年科技教育工作者树立了光辉的榜样，被一代又一代江大人所传承。李德桃教授就是其中优秀的传承人，他在老一辈学者治学精神的感召下，结合自己的学术经历和体会倡导学术团队要“跨学科、跨单位、跨地区、跨国界”（简称“四跨”）。他的这一理念，既是自己取得卓越学术成绩的“压舱石”，奠定了其涡流室式柴油机领域的权威专家地位；又是改革开放环境下科学研究的基本范式，是高水平研究团队形成和高质量学术成果产生的基本要求。

作为现代科技的明珠，内燃机不仅在功能上是机械化、电气化、智能化中必不可少的动力中枢，其在科学技术上更是集机、热、电、力、艺于一体的高效能量转换器，而团队“四跨”是基本要求。随着信息时代的到来，计算机科学、电子信息科学等成为新的核心竞争力的体现，内燃机的科技集成度也进一步提高，其工业基础地位始终不变。

即使在非化石新能源占比逐步提高的今天，它仍将在相当长一段时期里是动力机械的主角。因此，我校能源与动力学科特别是内燃机团队要增强一流意识、突出特色发展，做大做强学科和创新团队。要做到这点，就要增强创新能力、激发创新活力、彰显创新魅力，其中最重要的是把好的理念、好的传统、好的文化传承好、发扬好，本书编者的出发点可能就在这里。阅读本书初稿，我觉得如下几点感受是从中受益并值得珍惜和借鉴的：一是书中人物或许没有闪亮的学术头衔，但有一颗闪光的从业本心；二是本书撰稿者亦师亦生亦友，团队人员亦教亦研亦学，真正教学相长、师生情深；三是问题导向研究、学高身正育人，李德桃教授作为老师为学生点亮了理想的灯、照亮了前行的路，以自己的优良教风写就了“辉煌一课”，团队中也成就了龚金科、吴建、王谦等名师，以及一大批扎根内燃机事业的科学技术中坚和产业领军人物。这些，正是我校“三全育人”取得实效的真实写照。

鉴于上述，我乐意为本书作序。

颜晓红
二〇一九年仲春

颜晓红：江苏大学校长，博士生导师。

序二

贺《四代“四跨”科技人之路》出版

江苏大学李德桃教授是我国内燃机行业的知名专家。他创领跨学科、跨部门、跨地区、跨国界的“四跨”学术团队，协同不同地界的相关力量，利用多方已有的条件设施，产、学、研各业联合作战，在工程热物理领域，在研发柴油机涡流燃烧室，提高柴油机转速，降低油耗和排放，改善冷启动性能等诸多方面，都取得了累累硕果，并造就了不少优秀科技教育人才和学科带头人物。李教授的“四跨”团队，20世纪60年代中期就在国内率先倡导并实践“厂、所(院)、校”三结合，研发农用动力(如S195型、185型、495Q型柴油机)。

《四代“四跨”科技人之路》一书，不仅记述了“四跨”团队及其成员四代科技人的成长；还记录了常州柴油机厂、洛阳拖拉机厂、江苏大学、湖南大学、南京理工大学、中国农业机械化科学研究院、上海内燃机研究所等众多产学研单位的协同作战；更列举了团队成员与协作人群彼此切磋，齐心协力，如师如友，互相关心，艰苦奋斗，协同攻关，共创佳绩的众多生动事例。该书崇尚科技进步，传承优秀文化，有利于激励人们积极投身于我国科研工作和教育事业，出成果，出人才，加速社会进步和国家富强。

内燃机是农业机械化和整个国民经济生产的重要动力来源，有关键作用。低排放、高效率、智能化是内燃机技术进步和行业高质量发展的迫切要求。继续努力用“四跨”的方式搞科研：聚集人才，传承发扬团结、奋进精神，着力创新发展，提高有关单位的设备利用率，定能做大做强。祝贺本书出版发行，它必将为传播正能量发挥更积极的作用。

华国柱

2019 年 10 月

华国柱：清华大学毕业，新中国成立前中共地下党员，农业部系统最早回国的留苏博士。中国农业机械化科学研究院原院长，中国农业机械学会名誉理事长，教授级高级工程师，获中国农业机械发展终身荣誉奖。

序三

以“四跨”团队精神助推科学创新

李德桃教授是我国内燃机行业的知名专家。李教授严谨求实的治学态度，刻苦忘我的工作精神，待人诚恳友善的高贵品格，令人钦佩，值得学习。

几十年来李教授积累了丰富的教学与科研工作经验，培养了众多学有所成的优秀学生，带领跨学科、跨部门、跨地区、跨国界“四跨”学术团队活跃在广阔的教学和科研第一线，取得了丰硕的科研成果。

他的“四跨”这一理念实践，是我国改革开放条件下科学研究的有益尝试，是产生高水平研究团队和形成高质量学术成果的有效途径之一。

书中“四跨”团队的成长，展示了团队在李教授“四跨”团队精神引导下，齐心协力、合作攻关、彼此切磋、相互启发，或如师徒，或如战友，大家互相关心，彼此照顾，就像亲人、情同手足的生动故事。

我从李德桃教授“四跨”这一理念中受益匪浅，学习他对教学和科学研究的执着，对待师长、同事和学生无私奉献的厚道。该书有利于激励广大青年才俊积极投身于我国的科研和教育事业，加速科学创新和民族复兴。谨向本书的出版表示祝贺！

李骏

2019 年 5 月

李骏：中国工程院院士，清华大学教授。

序四

为李德桃先生的“四跨”点赞

引子

前几日，在从外地出差回学校的路上，我突然接到河北工业大学黎苏教授的电话，说他的博士生导师李德桃教授要写一本书，希望我也给写点什么，并说要给我把书稿寄来，以做参考。我本来心想李德桃先生是我们内燃机学科大名久仰的老教授，学术造诣颇深，久闻老先生虽然高龄，但是依旧老骥伏枥，志在千里，仍然在为学科发展做贡献，可能是老先生又出了一本书，因为我们是同学科、同行，也有过很多联系，虽然我是他的晚辈，但也算是忘年交，给他的书写点东西也是应当。不日，收到黎教授发来的电子版书稿，我打开来仔细阅读。没想到，这部书的内容一下就吸引了我，读起来欲罢不能，直至一口气读完。读罢全书，我感觉到本书不是一本简单的传体书，书内不仅有李教授自己，而且还有很多与李老先生相关的人，从李德桃先生自己的老师到他的同事和合作者，他的学生以及他的学生带出来的学生，记录了从他的老师到他的学生的学生整整四代人的工作、生活、成长的经历。其中有不少也是我自己熟悉的朋友，书中一个个鲜活的面孔跃然纸上，让人看起来兴奋不已。书中不仅记述了每个当事人的个人经历，还有一些让我内心产生共鸣的相似经历，令人十分感慨，比如恢复高考，读研、工作的过程，历历在目。特别是书中还记述了李德桃先生等老一辈的科学家，在当年艰苦条件下克服困难，完成了几乎不可能的工作的事迹。比如检测分隔式燃烧系统涡流室的壁面温度，在封闭的低温实验室中工作，为检测主燃烧室和涡流室的压力，采用磁带记录仪记录两个燃烧室的压力等。尤其是李教授组织的“长沙大会战”，在交通不便的情况下，将重达数十公斤的仪器携带上火车，辗转数次才到达目的地，然后大家齐心合力完成了测试工作。读罢让人十分感动，也十分感慨。当年那样艰苦的条件，大家团结一心，为了国家的富强，为了学科的发展和进步，采用简陋的设备和仪器，不畏艰苦，克服一个又一个困难，严谨地完成了科研任务。整部书既是一本传体书，也是一本励志书，更是一本很好的科研历史教材，对于后人无论是生活、做人、工作都具有很好的启迪作用。

“四跨”是“跨学科、跨部门、跨地区、跨国界”。虽然老先生自谦“四跨”是因条件限制不得已而为之，但是从中可以看到老先生执着的科研态度，完完全全就是过去常说的“为了国家的需要，有条件要上，没有条件创造条件也要上”的精神。“四跨”体现了老先生良好的人脉，为了完成既定的目标，能够动员不同学校、不同企业的科研人员共同合作。“四跨”也体现了老先生宽广的眼界，从内燃机燃烧到微动力燃烧，从建立工程热物理研究室，到成立新能源科学与工程系。事业从无到有，个中的艰辛，非常人能够体会。书中反映了老先生立志科研，眼光高远，终身奉献，严谨治学的崇高精神。“四跨”还是一本很好的历史书，让我们了解到了今江苏大学工程热物理系的前世今生，了解到了从长春汽车拖拉机学院，到吉林工业大学，再迁到镇江农机学院，再到成为江苏理工大学和今天的江苏大学的一部分的变迁过程，书中许多的人和事也是很有趣的。

与先生相识并结缘

与老先生认识是当年我在天津大学师从史绍熙院士读研究生时期。那时我们就知道，李德桃先生是国内改革开放后首批出国学习并获得博士学位，学成后放弃国外优裕的工作条件回国服务的少有的几位学者之一。他对史先生十分尊敬，来天大参加学术交流的机会也比较多，与史先生的学生和助手们的关系也十分要好。本书记述的他自己以及他的学生多次来天津大学内燃机国家重点实验室开展学术交流以及参加试验研究的经历，也体现了老先生与天津大学良好的关系。那时候我就知道，老先生是国内做分隔式柴油机涡流室燃烧系统的知名专家，在解决涡流室燃烧系统的冷起动和提高燃料经济性方面做出了突出的贡献。在认识老先生后，我的导师还曾请他做过我的博士学位论文评阅老师。再后来，我自己的学生论文也请他做过评审，他对我们的工作都给予了很高的评价。那时的研究生数量比较少，可以自己指定学位论文评阅人，不像现在论文都是盲审，论文给谁了，学生和指导老师都是不知道的。还有一件十分遗憾的事特别值得一提，有一年（大约是2000年以后）老先生申报内燃机协会的科技奖励，那次我是评委之一。根据我对老先生工作的了解，我提出根据老先生在涡流室式燃烧系统方面做出的突出贡献（比如老先生提出并设计的涡流室式燃烧室起动孔结构，改善了当时涡流室式发动机的起动性能，优化设计的涡流室镶块的喷孔结构，大幅度改善了发动机的燃油经济性，以上工作产生的理论和实践不仅在学术上影响了国内外，在实际应用中也给全国的涡流室式柴油机节约了无数的燃油。要知道那些年我国的农机用发动机大部分都是采用涡流室燃烧系统，其节油的意义对我们这样一个石油资源不丰富的国家来说可谓重大），建议授予一等奖。但是，十分遗憾的是，其他评委认为当时除了少数小缸径柴油机仍然采用涡流室之外，随着我国制造技术的进步，其时 90mm 以上缸径的柴油机几乎都是采用直喷式燃烧系统了，在成果的应用面上受到限制。尽管我据理力争，无奈当时的客观形势，最终还是没能如愿。老先生后来获悉此事，在见到我时表示了非常的宽容和大度，对当时的客观情况表示理解，对我当时的支持表示了感谢，并为此曾在过年时发来一副对联“研学润笔墨，沥血为苍生”，至今我仍然保留着。客观地说，李德桃老先生的学术水平以及为国家做出的贡献，不要说一等奖，就是特等奖也是不为过的。老先生的工作成果没获得应有的奖项，这也是本人心里一直感到遗憾的地方。

历史功绩世人自有评说

李德桃先生已近米寿高龄了，在《四代“四跨”科技人之路》一书中可以看到，老先生依旧在为学科发展和科技进步呕心沥血，悉心呵护下一代的成长，很多经他培养的学生都已学有所成。老先生不仅在江苏大学任教，还在多个学校兼任学生导师，可以说是桃李满天下。许多学生都已经成了所在单位的学科带头人或学术骨干，都在为国家的富强，为国家的科技进步发挥和贡献着力量。

桃李不言，下自成蹊。李德桃先生将最宝贵的岁月贡献给了为之奋斗的科研事业，历经了千辛万苦，为国家的发展做出了突出贡献。一辈子奉献给教育事业，换来了今天的桃李芬芳。毛泽东主席曾在《纪念白求恩》中提出大家要向加拿大来华支持中国人民抗日的白求恩大夫学习，要求大家像白求恩大夫那样成为“一个高尚的人，一个纯粹的人，一个有道德的人，一个脱离了低级趣味的人，一个有益于人民的人”。李德桃老先生就是一位毛主席所倡导的高尚的和有益于人民的辛勤的园丁。他在学术和为人上显示出的水平和品格，是值得我们一辈子学习的。

姚春德

2019 年 9 月 2 日于天津

姚春德：天津大学教授，天津大学内燃机燃烧学国家重点实验室副主任。中国工程热物理学会副理事长、中国内燃机工业协会专家组副主任、中国汽车工程学会理事和特聘专家。

目录

内燃机的创新者
科研路上的引路人

——怀念恩师们

李德桃

20世纪50年代初，我国先在长春建立第一汽车制造厂（苏联当时已建立斯大林汽车厂），随后在洛阳建立第一拖拉机厂，同时建立长春汽车拖拉机学院（苏联已建立莫斯科汽车拖拉机学院）。1955年，教育部将原交通大学、华中工学院、山东工学院等高校的汽车、内燃机等有关的系和专业，调整到长春汽车拖拉机学院，即1958年改称的吉林工业大学，改革开放后合并于吉林大学。在当时，内燃机教研室一下汇集了五位内燃机教授，这是我国当时内燃机领域教授最多的高校，可谓最强大的阵容。为何这样说？因为1952年我国统一设置专业时，内燃机专业全国仅设于三所高校：交通大学、湖南大学和天津大学。那时设专业，是“因神设庙”。前两所大学分别有黄叔培、戴桂蕊两位“内燃机神（权威）”，故设立了该专业。1955年，这两位“内燃机神”连同一批专业教师，一起被调整到了长春汽车拖拉机学院。此外，还从北京航空学院等高校调来一些教师，增强了教研室的师资力量。经过老师们的“传道授业解惑”，我们这批莘莘学子不仅获得了较牢固的专业知识，还懂得了一些做人做事的道理。他们的言传身教起到了潜移默化、春风化雨的作用。如果说我们今天的事业算有点成就，那么应感谢那些含辛茹苦教导我们的老师们，没有他们循循善诱的启发、教导，也不会有我们的今天。

作为从该校留校的首届毕业生，我有幸与这五位教授有过不同程度的接触。其中四位曾直接授业于我，两位还与我共事十多年。我同他们都建立了较深厚的师生情谊，至今难忘。

黄叔培（1893—1979），一级教授（1956年全国高校评定的职称。下同。），毕业于清华大学，后留美，获西利亚理工大学博士学位。他在国内率先开展汽油机直接喷射研究，并获得成功，在国内外享有盛誉，是我国汽车发动机专业的一代宗师。他在任长春汽车拖拉机学院副院长（后为吉林工大副校长）期间，多次为教师做报告，讲做人做学问的道理，并率先垂范，是一位德高望重的校领导。记得我当助教时，曾向他请教我设计的深井燃气喷举水泵方案，还得到他的指导和关心。当年钱学森回国后去看望他，问黄老是否还记得他这个学生，黄老想了半天还是摇摇头。他为国家培养了大批人才，桃李满天下，年老了记不得学生的名字是常有的事。

戴桂蕊（1910—1970），二级教授。早年以电机系第一名的成绩毕业于湖南大学，后留学英国，毕业于英国皇家学院，被评为该院高等航空学科全能优秀生。回国后，正值抗日战争时期，为冲破日军的物资封锁，他研发了煤气汽车，意即将燃油汽车改为燃煤气汽车。当这种汽车从贵阳一直开到重庆时，受到了政府和市民英雄般的夹道欢迎，鞭炮不

停、掌声不断，交通部长亲自为这种车披戴大红花。他还研制了发动机活塞环，为抗战事业和国计民生做出了重要贡献。抗战时期，我国的汽车活塞环先是由“飞虎队”从美国经驼峰空运来，远不能满足国内需求。戴教授此时决心自行研发，在贵州利用一个小工厂进行此项研发工作。当时材料奇缺，铸铁尚可找到，但缺少合金钢，就利用战场上收集的钢盔，按一定的比例，放在坩埚中加盐熔化，然后铸造出圆筒。圆筒在车床上加工好以后，再切成一个一个环，国产活塞环终于研制成功了，这种战时紧缺物资因此有了可靠的供应。抗战胜利后，该厂从贵州迁到长沙，建立“正圆活塞环厂”。当时国内的许多内燃机厂，如南昌柴油机厂等，都采用该厂的产品。1960 年，吉林省指示原吉林工业大学等单位派人支援“三农”，学校派我参加。我们到吉林省大安县（今大安市）农机厂支援。我带着戴教授的这套技术和嘱托，在该厂开展了活塞环的研制工作，经过数月的努力，我们也研制成功了。经过检验，该活塞环的质量完全达到了当时的解放牌汽车活塞环的水平。

新中国成立后，戴教授又成功研制出了内燃水泵，于 1958 年获全国农业机械展览会特等奖（当时国家尚未设其他奖），并受到刘少奇、周恩来等国家领导人的接见。在 1957 年的“大鸣大放”时期，教研室整天开会，他却仍然专注于内燃水泵的构思，聚精会神地在小本子上勾勾画画他的设计方案，真是呕心沥血！他的设计使整个内燃水泵的吸气、压缩、点火、排气、泵水，全靠水在管道中来回摆动来实现。构思之巧妙，即使在今天看来，也令人叹服。当年苏联、罗马尼亚、波兰和印度等国先后派员来参观与来函索取技术资料，其科技价值由此可见一斑。后来因为我国能源结构进行了大的调整，不用小煤气发生炉产生煤气作为燃料了，内燃水泵的应用也就未能推广开来。

戴桂蕊在内燃水泵评定会上的合影（1959 年）

20 世纪 50 年代末至 60 年代初，为解决我国农业旱涝保收的问题，戴教授及其助手们多次进行了全国排灌机械生产和使用情况的调查，并向国家科委和农业机械部递交报告，建议成立排灌机械的研究机构和相关的专业，以深入开展研究和培养专门人才。时任国家科委主任的聂荣臻元帅亲自批示，责成有关部门办理，于是戴教授在原吉林工业大学创办了排灌机械研究室和相应的专业。1963 年根据国家发展需求，此研究机构和专业调整到原镇江农业机械学院，这就是今天的江苏大学一直处于国内先进行列的流体机械及工程学科。

值得一提的是，戴教授大学念的是电机专业，在英国读研究生时念的则是航空发动机专业。回国后，根据国家对交通运输工具的急需，他相继研发出了煤气机汽车和易损件汽车活塞环。这要求发明者除了需要具备宽广的机械工程知识之外，还需要对材料、热处理、机械加工等有深入了解。而专业面广、基础知识扎实，正是我国当时高级科技人才们所具备的特点。戴教授无疑是其中学得好、学得活、用得活的突出代表。在他短短60年的生涯中，他的两项发明（内燃水泵和戴氏活塞环）和一项创新（煤气机汽车）无一不是为当时黎民苍生和保家卫国而做出的杰出贡献！可以说，在他那一代内燃机教授中，戴教授是实际贡献最大者。今天，江苏大学铸了两座铜像用以纪念他。他的事迹，在拙著《我的人生》和国内有关文献中有较详细的叙述和记载。我们现在无法估计，抗战时期，如果没有戴教授等人研发的煤气机汽车，没有他研制成功的“戴氏活塞环”，当时有关国计民生问题如食盐、交通等，会是什么状况。

余克缙（1901—2002），二级教授。早年毕业于浙江大学，后留学美国，获密歇根大学硕士学位。曾成功研制R4E65F型汽油转子发动机。他教过我们两门专业课（分别是“柴油机原理”和“发动机动力学”），备课很认真，讲稿写得很规范。后来他调往广西大学后我们仍有联系。1978年，在阳朔召开的全国内燃机燃烧过程研讨会上，我们得以见面并畅叙师生情谊。这是“文革”后的首次内燃机学术会议，参加者在“文革”中都在科研上做出了一些成果。余教授高寿，最后活到了101岁。

徐迺祚(1912—1968)，三级教授。早年毕业于清华大学，抗战前留学德国，获柏林工业大学工学博士学位。主讲我们的发动机设计（结构与计算）课。众所周知，发动机的结构很复杂，其设计涉及多学科的知识，但在答疑时，无论学生提哪方面的问题，他都能做出准确、圆满的回答，这在我们专业课老师中为数甚少。当时，他患高血压病，数次在讲台上晕倒，但仍坚持把课讲完。课程结束后，他还利用假期为我们年轻助教义务开设德语课程。那时开德语课的老师紧缺，而这种语言对汽车内燃机专业的人来说又很重要。徐老师自愿无偿带病为我们上课，这种奉献精神是难能可贵的。

杨克刚（1917—1966），四级教授。早年毕业于清华大学。他长期教授发动机专业课，后改教流体力学、水泵理论等课程。无论讲授哪门课，他都做得到不用讲稿，再长的公式都能记住。他为人正直、谦和，即使学生后辈对他提出批评意见，也能虚心接受。在被错划为右派后，他变得更加谨小慎微，就是一片树叶掉下来，他也害怕打破了头。

除了上述五位教授外，原汽车系几位教授也令我印象深刻。

方传流（1914—2009），原汽车系主任，三级教授。方教授虽在汽车教研室，但他的内燃机基础却是很扎实的。他曾在武汉大学讲授过内燃机理论与设计、汽车理论、工程热力学等课程，并在国内率先开展了汽车系统动力学领域的研究，也称得上是一

代宗师。他曾任吉林工业大学副校长，我在热工教研室时，他还兼任教研室主任（1957届校友华自强任行政秘书，我任科研秘书）。他曾叫我们各写一章热力学讲稿，华自强写气体流动，我写第二定律。我们俩写完后，共同讨论、修改，然后才交方教授评论。他坦率地指出我们讲稿的优缺点，并提出教热工学，最好要学学统计物理乃至量子力学。我此后虽学了点皮毛，但仍未能达到融会贯通的程度。此后，我才深感方教授的远见卓识，并以有这样的老前辈指导为幸。

陈秉聪（1921—2008），四级教授，1943年毕业于西北工学院机械系，1948年毕业于美国伊利诺伊州立大学航空与机械系，获硕士学位，1995年被选为中国工程院院士。曾任吉林工业大学副校长。他在任拖拉机教研室主任时，曾讲授过内燃机、汽车理论与设计等多门课程。陈老师为我们开设的“拖拉机理论”课程，在国内尚属首次，使用的是苏联教材。他讲课时，慢条斯理，轻声细语，给我们留下了难忘的印象。后来，在我们一起参加全国人民代表大会时，回想起那时融洽的师生关系，一起追忆了他给我们讲课和答疑时的情景，他还特别赞许我有打破砂锅问到底的学习精神。他建立起国内一流的土壤拖拉机实验室，开辟了“松软地面行走机械”新技术领域，做出了系统的、创造性的重要贡献。在国际上，他最先提出“畸变模型理论”，

解决了畸变条件下地面机械模型试验的理论和方法问题。他首创“半步行概念和理论”，为步行车辆设计奠定了理论基础。

此外，当时的苏联专家巴尔斯基、舍米涅夫也参与指导我们的教学计划和教学大纲、毕业设计乃至毕业实习。我们感受到英、美、苏、德各国的教育特色和风格，接受了一流的、有多国特色的专业教育，以及良好的做人做事的教育。那时，我们热爱专业，努力学习，尊师爱生，团结互助。一些来自农村的同学和调干生，学习上进步都很快。

长春汽车拖拉机学院的领导和苏联专家（前坐中）在济南检查学生毕业实习（专家右为作者）（1956 年）

1957 年，徐、杨二位教授被划为右派。1958 年余教授被调往广西大学。1963 年戴、杨二位教授随排灌机械专业调整至镇江农业机械学院（今江苏大学）。之后黄教授调至上海内燃机研究所。五教授的一席盛宴就此散了，而且散得如此之快！“文革”中，戴、徐、杨三位教授皆被迫害致死。悲哉！

就我个人来说，我的博士生导师华西里·贝林单教授对我的专业指导更令我难忘。他的事迹，在拙著《我的人生》中也有叙及，这里再补充几个例子：他指导博士生认真负责，力求有创新。我们共同研制的涡流燃烧室实验模型，根据严格推定的相似律，经一位德裔工程师大半年的精心制作而成，比日本京都大学和浙江大学研制的同类模型要精确和实用。我们通过这个模拟实验，首次发现涡流室内存在两个副涡。这项成果随即在罗马尼亚科学院院报上发表。贝林单教授为本科生讲课，指导本科生实验和批改实验报告，也一丝不苟。除了做好本职工作外，他还热心帮助他人。如布加勒斯特工业大学的阿拉马院士指导一个博士生做内燃机增压课题，由于该校实验室这方面的条件不足，他向贝林单教授求助。尽管贝林单教授自己的教学和科研工作很忙，还是指导这个博士生完成了实验工作。贝林单教授诚实、善良，尊重他人，从不损人利己，不图虚名，把全部精力都放在教学和科研上。

我何其幸运，在大学时代拥有国内首屈一指的师资条件，在博士学习阶段又遇到贝林单教授。一路走来，我得到了这么多杰出教授的教导！当然，在那个年代，我国的工业化处于初级阶段，老师们的主要精力都放在培养人才上，只有黄叔培、戴桂蕊等教授开展了有特色的科研工作。但是老师们无论对待教学还是科研工作，都认真负责，兢兢业业。20 世纪 50 年代前期，国家号召向科学进军，我们这些年轻的学子，都满怀激情，奋发图强，努力学习，因此专业水平提升很快，毕业后大都能独当一面，为我国的内燃机、汽车、拖拉机和坦克发动机的制造和发展做出了重要贡献。我们要感恩老师，要把他们的丰富学识、治学精神和“化作春泥更护花”的奉献精神一代一代传下去。

今天看来，那时由于过分强调注重专业，我对其他方面的学习，花工夫较少，收益不多。而国际上有些名校，学生入大学后，先广泛学习文、史、哲、法，夯实数理化的基础，增加一些社会知识，两年后再根据各自的情况选定专业，这样可避免“只见树木，不见森林”之弊。

长江后浪推前浪，我们上一代良师教出来的学生，已传至第四代了。第二代深入开展了内燃机的燃烧、传热、流动等过程的研究，并在国内率先开展微动力机电系统的研究；第三代继续深入开展了微燃烧、微传热、微流动的研究，研发出微动力机电系统，都有了创新性的成果和产品。专业从内燃机扩展到动力工程及工程热物理学科。他们有的已成为教授、博导，有的已成为企业高管，有的已成为学校和一些单位的领导，有的已成为国内国际的知名专家。有的虽然因为条件和环境的原因，没有做出出色的成绩，但也做好了本职工作，都为祖国的繁荣昌盛不断做出贡献。我们第一代的老师们都已仙逝了，他们如知道当下这番盛况，一定会含笑九泉，深感欣慰。

作者（右一）与导师华西里·贝林单教授（右二）合影（1987 年）

作者简介

李德桃（1934—），江苏大学教授，博士生导师，国务院特殊津贴专家，第六、七届全国人大代表。1956 年毕业于原长春汽车拖拉机学院（现吉林大学），1982 年在罗马尼亚获博士学位。曾受聘为国家自然科学基金评审组成员，曾任中国汽车工程学会发动机分会副主任，中国内燃机学会编委，高校工程热物理学会理事，日本上智大学客座教授。曾获国家发明奖、机械工业大会先进个人奖、省部级科技进步奖多项，出版著作八部。

呵护“星星之火”的科技同仁

邵　霞

1963年，根据国家农业机械部的指示，戴桂蕊教授带领他在吉林工业大学创办的排灌机械研究室和排灌机械教研室的人员一起调整至原镇江农机学院。这个研究室就是现江苏大学流体机械工程技术研究中心的前身，它在原江苏理工大学党委书记金树德、现江苏大学党委书记袁寿其等领导的带领下不断发展壮大，在水力机械尤其是农用泵领域做出了丰硕成绩，后来进一步建成了国家水泵及系统工程技术研究中心，在2014年成为首批江苏省产业技术研究院流体工程装备技术研究所，奠定了行业内的领先地位，学校的相关资料对此已有诸多记载。

李德桃教授随迁到镇江，先在排灌机械教研室任教，1982年出国进修回来后组建了工程热物理研究室。他从青年时代起，就对柴油机的燃烧过程和燃烧特性进行了系统的研究。在当时的时代背景下，我国农业生产逐步恢复并快速发展，急需小型农用动力和农业机械。美国和苏联不搞小型农用动力，靠得近的只有日本发展得很快。当时国家正是贫弱之时，缺少外汇，因此也不具备大量引进的能力。好在这种农用动力机械比较简单易造，于是由江苏带头，在全国范围内近百厂家开展生产，经过一段时间的评比，全国的两个金牌厂都花落江苏，但是总体上产品的科技水平还是明显落后于日本和欧洲的。李德桃教授的大学毕业设计就是搞农用动力柴油机。20世纪60年代中期，作为镇江市发展小型农用动力项目的负责人之一，李德桃教授带领的团队与上海内燃机研究所、镇江有关工厂合作开发185型柴油机，“文革”前取得成功。其后，李德桃教授又到常州柴油机厂领导研发新型涡流燃烧室，取得了显著成效，并连续对产品进行了全面改进和性能提升。时代和李德桃教授之间的双向选择最终在柴油机上达到了平衡，此后提高农用动力的转速、降低油耗和排放、改善冷起动性能及燃烧系统的结构设计（这都涉及柴油机中的燃烧、流动、传热过程）成为包括李老师在内的一代人的内燃机科研工作的主旋律。

李德桃教授对科研的强烈兴趣，支撑他毫不松懈地践行着自己对于“三农”的责任，即使在“文化大革命”期间，他也抓住各种机会，持续开展柴油机的研究。在作为“文革”后国家第一批留学生被派往国外留学之前，他就已经在涡流燃烧室的研究中取得了显著成绩，他在当时我国内燃机唯一的杂志上发表的几篇文章在业界引发了强烈关注，留学期间在国外导师的指导下又获得了新的成果。1982年回国后，他连续六次申请并获得了国家自然科学基金的支持，这在全国高校也是少见的，同时外界也鲜有人知道这些成绩是在当时内外部工作条件极差甚至极不正常的情况下取得的。为了完成自己的科研使命，他几乎是绝地求生式地创造了“四跨”（跨学科、跨单位、跨地区、跨国界）科研工作模式和科研团队，利用多种形式，集合多方力量，灵活高效地攻克难关，开展科学研究。

白驹过隙，半个多世纪过去了，昨日少年今已白头。李老师经过艰苦努力、刻苦攻坚，向时代交上了自己的答卷。回首充满着酸甜苦辣的奋斗旅程，那些曾携手襄助，一路共同呵护这一点点“科研星火”的人们，变得更加令人难以忘怀。

在极度困难的情况下，校内还是有主持公道的领导、多数教授和教师帮助与维护着李德桃教授及其科研团队。本校的老教授高良润（我国农业机械学科的奠基人之一）、李汉中（我校机械学科资深教授）、唐兰亭，他们都是为人正直善良的学者，都毕业于原中央大学，学术底蕴深厚，在各自领域内都颇有建树，具有提携新人、达济天下的公心，为师为人都堪为后辈楷模。他们在不同时间通过各种形式支持了李德桃教授的相关研究工作。李德桃教授常去看望这些前辈，聆听教诲，讨论学风、文风、作风，切磋学术，并把受益的知识和精神，传导给自己学术团队的后人。此外，顾子良、罗惕乾、林洪义等教授不畏困难，积极协调各种资源，在实验、研究生教育等方面身体力行。仅以顾子良教授为例，他出身贫困农家，一生也是情系“三农”，曾担任过院系领导，综合业务能力也非常扎实。有名有利的事，他总是谦让。当年出国留学的机会非常珍贵，他却总一再地谦让他人，甘为人梯，因此他的干群关系和正直无私的品格一直有口皆碑，是“四跨”学术团队第二代的主要成员。

在校内资源有限之时，还有一大批身处校外的老同学和老朋友以各种方式提供了支持和援助。

中国农业机械化科学研究院动力所高级工程师林德嵩等，与李德桃教授团队合作进行了涡流室式柴油机示功图的测试，取得了国内第一张精准示功图。团队与南京航空航天大学的王家骅教授合作开展燃料喷雾的研究，得到了国内第一张轴针式喷油嘴的全息影像图，此后还一起培养研究生；与洛阳拖拉机研究所（今洛阳拖拉机研究所有限公司）的高级工程师龙祖高和第一拖拉机制造厂油泵分厂（今属中国一拖集团有限公司）厂长吴久镛、教授级高工韦国本合作开展喷油泵和喷油嘴的研究并结下友谊；与南京理工大学的贺安之、阎大鹏教授首次用激光莫尔偏折法开展涡流室内燃气温度的测量和研究；与长沙内燃机研究所所长贾大锄、高工张春宇及南京理工大学杨维佳博士等合作开展了柴油机冷起动的研究，得到他们热情的帮助和无私的支持；在天津大学内燃机燃烧学国家重点实验室开展了涡流室内空气运动和排放的测试，史绍熙院士、许斯都教授、姚春德教授、傅晓光教授、宋崇林教授和许振忠高工等出言献策，保障了实验的质量和进度；在仪器设备、试验方法等方面还得到了上海内燃机研究所陆懋增和何学良、李疏松夫妇，大同坦克发动机厂副总孙昭俊，北京特种发动机研究所龙跃渊等教授级高工的支持和帮助；在与常柴进行多年合作技术攻关期间，与汪志钧总工、蒋春华副总工、盛宁昆高工等人结下了深厚的友谊，获得了富有时代特色的丰硕的科技成果。

李德桃教授和博士生熊锐在南京理工大学搭建实验台，首次利用激光莫尔偏折法测量柴油机涡流室内的瞬态温度场（1992 年）

天津大学的史连佑教授早年毕业于清华大学，是“30 后”的优秀科技人才，他十分认可和重视李德桃教授团队的研究，长期在科研和研究生培养方面提供支持和帮助，为团队的成长注入了营养。此外，吉林大学的刘巽俊和钱耀义两位教授是李德桃教授的师弟，曾分别留学美国和奥地利，为人正直善良，分别是发动机排放和电控领域的著名专家教授，两位专家教授与李德桃教授在工作上一直互相帮助、互相支持、互相学习。

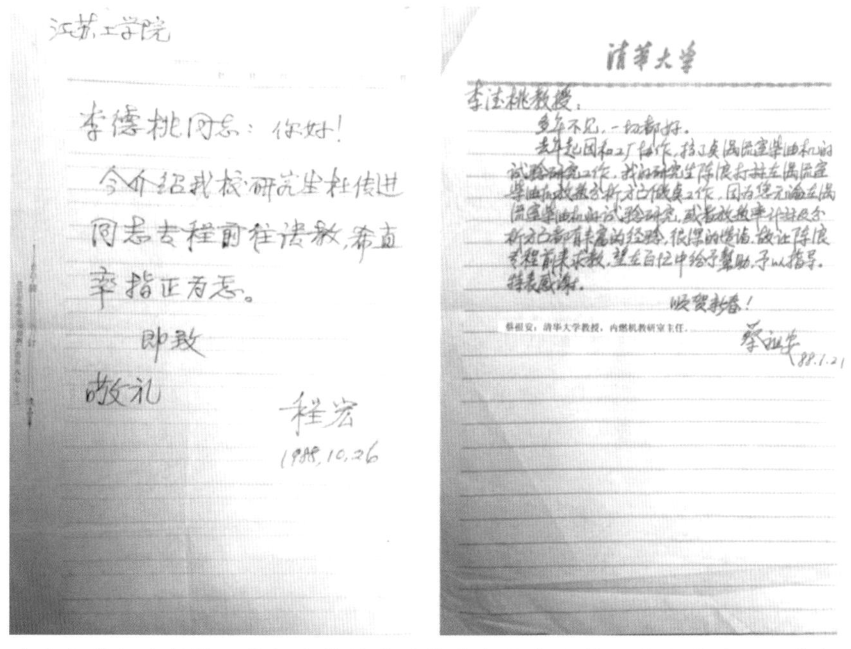
江苏工学院

李德桃同志：你好！

今介绍我校研究生杜传进同志专程前往请教，希直率指正为感。

即致

敬礼

程宏

1988,10,26

清華大学

李德桃教授：

多年不见，一切都好。

去年起因和工厂协作，搞了些涡流室柴油机的试验研究工作，我的研究生陈浪打算在涡流室柴油机放热分析方面做些工作。因为您无论在涡流室柴油机的试验研究，或者放热率计算及分析方面都有丰富的经验，很深的造诣，故让陈浪专程前来求教，望在百忙中给予帮助，予以指导。特表感谢。

顺贺新春！

蔡祖安，清华大学教授，内燃机教研室主任。

蔡祖安

88.1.21

清华大学程宏教授、蔡祖安教授委派学生来校交流学习的信件（1988 年）

此外，清华大学程宏教授、蔡祖安教授在学术交流、人才培养方面也给予了积极的支持，并就涡流室式柴油机测试问题与其进行了深入的交流。当年两位教授都曾委派学生来校学习和交流。

在艰难地向外部寻求资源、共同合作的过程中，团队收获了友谊，取得了进步，交到了真朋友。研究生何晓阳是我们团队利用高速摄影探测柴油涡流燃烧室的着火和燃烧的开拓者与首先实践人。薛宏是我们团队与上海内燃机研究所共同测试涡流室式柴油机排放的人，他为帮助母校指导研究生做了很多工作。此后，身处美国的薛宏教授和新加坡国立大学的杨文明教授，与我校合作开展了微动力系统的研究，使得李德桃教授及其团队获得了国家自然科学基金在该领域的首次资助，此后又再次获得资助。日本的田东波博士、美国的黄跃欣博士陆续加盟，“四跨”科研团队逐渐形成、壮大，内涵也得到了扩展。

何晓阳博士于京都大学博士毕业10周年纪念照

何晓阳博士在工作中

薛宏教授回母校与指导的研究生留影

薛宏教授在加州州立工业大学的杰出校友晚会上致辞

经过几十年的不间断研究，团队取得了丰硕的科技成果，有力地促进了生产力的发展，取得了较好的经济效益和环境效益。以团队研发的新型涡流燃烧室为例，在当年每年就可节约柴油3 万 ~4 万吨。当时湖南的邵阳汽车发动机厂和湖南省华裕发动机制造有限公司应用了“四跨”团队的研究成果，解决了柴油机冷起动的问题，产销净产值都得到了显著提升。

团队利用改装的 195 型柴油机进行高速摄影，成功解决业界对涡流式柴油机起动孔作用机理的争论（1988 年）

湖南动力集团有限责任公司依据“四跨”团队的研究成果对 HD6105Q 柴油机进行了改进。油耗下降的同时烟度和 NO_x 排放量均得到改善，发动机的市场竞争力获得提升，取得了良好的经济和环境效益。上海内燃机研究所应用了团队的涡流室式柴油机放热率的精确计算方法和计算程序，开发了新的 EAS–900 发动机

团队在企业进行柴油机冷起动研究成果的推广试验。该成果将当时国内唯一达到4000转/分的483Q型柴油机冷起动温度降低了16℃(1996年)

李德桃教授在邵阳汽车发动机厂做改善冷起动性能的技术讲座(1999年)

分析系统。其后团队又将成果应用于中国一汽集团无锡油泵油嘴研究所等单位的发动机分析系统上，使这些同类产品新增产值超千万元。

不仅如此，团队培养的年轻人在动力工程及工程热物理的相关领域迅速成长，尤其是在科研成果转化为生产力方面，更是继往开来，且都取得了很好的经济和社会效益。

证　书

单春贤同志：

批准您为一九九一年度优秀科技青年，特发此证，以资鼓励。

编号第91600822号

中华人民共和国机械电子工业部

一九九二年[illegible]

原机械电子工业部为单春贤颁发的一九九一年度优秀科技青年证书（1992年）

例如，现江苏大学能源与动力工程学院单春贤教授，早年即获得原机械电子工业部“优秀科技青年”称号。他在热工测试和控制领域进行了30多年的研究，十分注重成果转化和企业合作，大量研发成果得到了广泛运用。

单春贤教授研发的冰箱化霜定时器计算机检测系统在镇江电冰箱组件厂、苏州三星电子有限公司等企业得到应用；开发的公安接警指挥调度系统在河北省沧州市、河间市、孟村回族自治县的公安系统得到应用，显著提升了接警效率；开发的减震器及其综合测试系统在江苏明星减震器有限公司、山东德方液压机械股份有限公司、江苏省摩托车质量检验站、无锡湖山减震器厂及江苏省出入境检疫检验局（无锡）等得到应用，提升了产品性能，扩大了市场份额；为镇江焦化煤气集团有限公司开发的回转窑增产及优化控制和煅烧石油焦专家配料及优化控制方案，为该企业降耗增收做出贡献，相关成果获得镇江市科技进步一等奖。其他成果也陆续获得奖励表彰。

现江苏大学教务处处长王谦教授，多年以来在动力机械领域开展研究工作，在清洁燃烧理论与技术方面，主持省部级以上课题近10项，其主导的柴油机燃油喷射和燃烧系统关键技术研究与应用课题获江苏省科技进步二等奖；在微型动力催化燃烧及微电动力研究方面，主持国家自然科学基金3项，发表论文30余篇，授权发明专利10余项，其主持的微发动机均质充量压缩燃烧过程的研究课题被中国机械工业联合会鉴定为国内领先水平；与中船动力有限公司合作，在江苏省重大成果转化资金的资助下，开展了船用大功率微引燃双燃料发动机研发及产业化研究，对发动机燃料引燃喷射可靠性、主燃料喷射策略优化、天然气局部加浓技术，以及缸内燃烧过程CFD优化等关键技术进行了研发，为开发国产双燃料发动机提供了支撑。王谦教授现为江苏省“333工程”科技领军人才培养对象，江苏省“青蓝工程”学术带头人，江苏省“青蓝工程”优秀教学团队负责人。

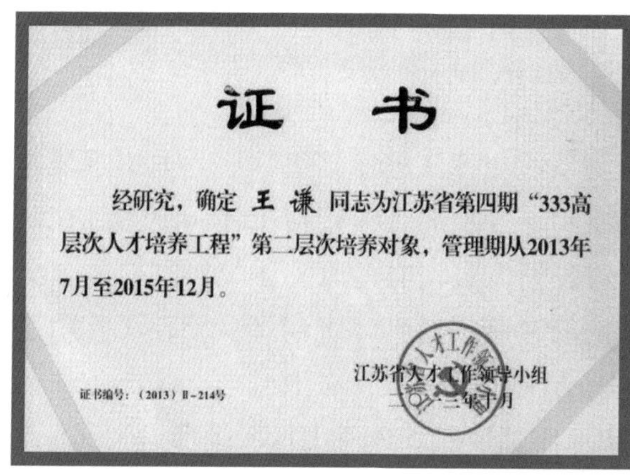
证书

经研究，确定王谦同志为江苏省第四期“333高层次人才培养工程”第二层次培养对象，管理期从2013年7月至2015年12月。

江苏省人才工作领导小组
二〇一三年十月

证书编号：（2013）Ⅱ-214号

2012年度江苏省科学技术奖
证书

为表彰江苏省科学技术奖获得者，特颁发此证书。

项目名称：柴油机燃油喷射与燃烧系统关键技术研究及应用
奖励等级：二等
获奖者：王谦

证书号：2012-2-11-R1

相关科技与人才奖励证书（2012、2013年）

现江苏大学能源研究院何志霞教授长期从事高压共轨柴油机的喷雾燃烧特性研究，成果丰富。近年来在生物柴油的制备及发动机适应性关键技术的研究方面取得了显著成果。她和团队研究了地沟油经加氢催化工艺所制备的二代不含氧生物柴油喷雾、燃烧及碳烟生成特性，指导加氢催化生物柴油催化剂的遴选和制备工艺的优化，实现了这种无法直接车用的高品质、新一代可再生替代燃料与石化柴油掺混策略及燃油喷射策略的优化，基于适应性策略，实现了二代生物柴油在发动机多工况条件下的高效应用，取得了良好的节省油耗和降低排放的效果。基于此，与江苏佳誉信实业有限公司、扬州建元生物科技有限公司合作，创新提出二代生物柴油的一步加氢催化制备工艺，彻底突破了原两步催化制备工艺所带来的工艺复杂、生产成本高、难以产业化的瓶颈，制备出品质高、经济性好、稳定性强的不含氧的饱和烷烃结构二代生物柴油，并在扬州建成了国内首套20万吨/年生产规模的二代生物柴油生产装置，通过ISCC欧盟生物燃料认证，取得进入欧洲市场的通行证，生产燃油远销欧洲，供不应求。该项目获2017年度江苏省科技进步二等奖。二代加氢催化生物柴油的成功生产及推广应用，降低了对石化柴油的依赖，减少了发动机尾气排放，在节约能源的同时也保护了环境。

现江苏大学能源与动力工程学院副院长潘剑锋教授在理论方法和计算模型层面，提出了微催化燃烧室内判定反应类型的新方法和转子发动机使用多种燃料的新模式，明确了微尺度下多种燃料预混合燃烧的燃烧极限，揭示了微尺度燃烧特性及影响规律、转子发动机缸内燃烧过程的影响因素及相关规律，发展了微燃烧计算模型和转子发动机缸内工作过程计算模型；在研究应用层面上，顺应行业趋势，紧扣行业发展需

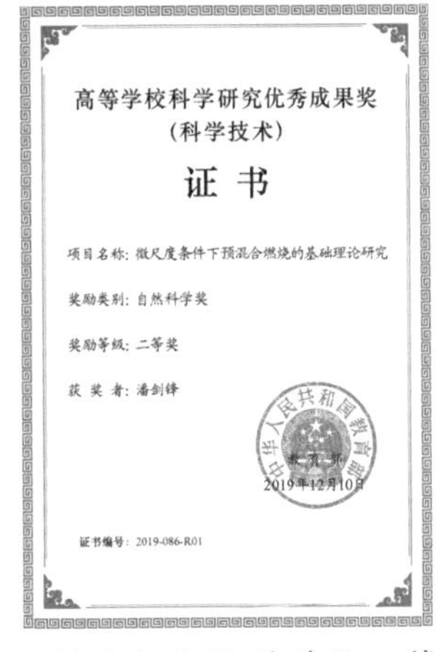

高等学校科学研究优秀成果奖
（科学技术）
证书

项目名称：微尺度条件下预混合燃烧的基础理论研究
奖励类别：自然科学奖
奖励等级：二等奖
获奖者：潘剑锋

2019年12月10日

证书编号：2019-086-R01

教育部自然科学奖二等奖获奖证书（2019年）

求和国际学术前沿，提出并论证了多种微燃烧的组织和优化方法，阐明了天然气在转子发动机缸内的燃烧特性，剖析了诸多影响转子发动机气流运动、燃烧和排放的因素，为先进燃烧技术的发展和应用提供了依据。相关研究成果获得2019年教育部自然科学奖二等奖。

常州柴油机厂原厂长、总工汪志钧先生（左一）与李德桃教授（中）、潘剑锋教授（右一）在常柴生产的第一台农用单缸柴油机前合影（2019年）

这里仅选取了几位毕业后在江苏大学工作的同志的科研工作，至于团队其他成员，在各自的文章中都叙述了自己的工作经验和研究成果，此处不再赘述。他们既是“四跨”科研理念的建设者，也是受益者，更是传承者。他们正在各自的岗位上为国家的科技进步和人才培养不断贡献自己的力量。

（本篇内容由团队三代人口述及提供素材，由邵霞整理成文。）

作者简介

邵　霞（1978—），江苏大学副教授。2000 年毕业于江苏理工大学，同年留校任教，2017 年获江苏大学博士学位。主要从事微尺度燃烧、流动与传热的组织与优化，以及燃烧过程可视化测试等研究和相关教学管理工作，长期承担“传热学”“工程热力学”等课程的教学工作。主持科研项目 3 项，获省部级科技进步奖 2 项，授权国家发明专利 2 项。

“三农”孕育孺子牛

段　炼　杨文明

“茶陵牛”和“三农基因”

在湖南省茶陵县洣水边，有一座栩栩如生的大铁牛，据说是用缝衣针熔化后铸成的。针，是南宋年间全县老百姓送给一位清廉的县官刘子迈的。而铁牛，则是刘县官倡导并与老百姓共建的。在刘县官离任那天，老百姓纷纷赶来送行。他从老百姓手中接过一壶清茶，淋遍了铁牛全身。清官用清茶淋过的铁牛，不怕风吹雨打，至今七百多年不锈不斑。从此，人们称之为“茶淋牛”，

茶陵县城南宋古城墙边的铁牛

久而久之，人们喊成了“茶陵牛”。“茶陵牛”本是用来“镇河妖、治洪水”的图腾，可当地一些有识之士把它视为茶陵人憨厚倔强性格和吃苦耐劳精神的象征。

李德桃老师就是一位生长在茶陵洣水边小车村的“茶陵牛”。他从小家境贫寒，早年丧父。在躲日寇的颠沛流离中，他的小妹因贫病交加而夭折。少年的他是家中唯一的男子汉，砍柴、耕田、犁地、插秧、割稻、挑谷担……样样都干，农闲时甚至还下矿挑煤，十五六岁年纪的他挑起了家中体力劳动的重担，是家中的主要劳动力。

对这位茶陵少年来说，最难以忍受的农业重活应该是“车水”了。为了不挨饥受饿，为了稻谷丰收，必须排涝抗旱，向天讨饭吃。从春到秋，每隔数天，就要来到田埂塘边“车水”。特别在“赤日炎炎似火烧，野田禾稻半枯焦”的酷暑天，更是不能有半分懈怠。

民以食为天。柴油机动力代替畜力耕地、人力车水的大变革。在此大变革中，农用柴油机起了划时代的作用

车水时，由于年龄尚小，力气不足，有时会踩空车，“呼咚”一下从水车上掉下来是常有的事。可车水是个讲究接力的活儿，他来不及查看身上的伤，爬起来，又攀上水车继续干。这番磨难深深地刻进了少年的脑海里，也使他打心底产生了一个愿望：如果有一天有工具代替人耕地、车水，让乡亲们都能不受饿，那该多好啊！从此，“解决乡亲们的温饱和减轻人力劳苦重负”这一朴素的愿望和初衷,伴随了他一生,也坚定了他用科研创新来服务“三农”的理想、信念和决心。

在大学优秀的专业教育和美好生活中茁壮成长

李德桃老师在半耕半读、半温半饱的状况下读完了中学，就近考入了湖南大学，后随全国性的院系调整，分别经历了华中工学院（今华中科技大学）和长春汽车拖拉机学院（今吉林大学），虽说离故土越来越远，但却持续接受了当时国内最好的内燃机专业教育。

在大学里，年轻的他得到了内燃机专业权威戴桂蕊先生的青睐、信任和培养。此外他还受教于几位知名的专家、教授，如黄叔培、余克缙、徐迺祚、杨克刚等。这几位都是知识渊博的大学者，掌握的知识能烂熟于心，学用结合，讲起课来滔滔不绝，口若悬河;对最难最长的公式定理，边讲解边板书，让人一听就懂，一看就明；常在讲课中加以形象的用词、生动的比喻，让人易记难忘。课堂上妙趣横生,以至两三个小时的讲课,在不知不觉中一晃而过,让人觉得讲课是一门艺术,听课是一种享受。这些才华横溢的良师,启迪了学生的思维，打开了学生的眼界。遇上他们真属幸事。

在生活上,学校的伙食比中学时大为改善,大白馒头能吃到饱,还能尝到青菜、萝卜之外的“美食”，这一切使他感到非常温暖和满足。为加强身心健康，他坚持每天赤脚长跑 4 千米以上。凡有公益劳动，如爱国卫生运动，他都走在最前头。1954 年参加武汉长江防汛抢险时，他冲锋在前，挑的土量居学生前列，为此还受到全校表扬。他还被同学们形象地评价为：干什么都像带着一团火的奔牛。

在大学毕业时，因专业成绩优异，他获得了留校任教的机会，光荣地成为一位青年教师。在完成充实的教学任务的同时，他也积极响应国家号召，陆续参加了十个月的青年教师下放农村的劳动。在此期间，他始终没有停下自己的科研工作。即使在“三年困难时期”，在饿得全身水肿的情况下，他还坚持译完并出版了俄文版《相似理论及其在热工上的应用》的译著。正是由于在科研工作上如此专注，他被戴先生“钦点”为科研助手。

对创造了历史上最灿烂的农耕文明的中华民族来说，农业伴随着对生命的担当和传承，它是一个与生命息息相关的行业。在当时的中国，农田水利建设是农业发展的重要基础。1960 年，在戴教授的指导之下，他参与了我国第一个排灌机械专业的筹建。

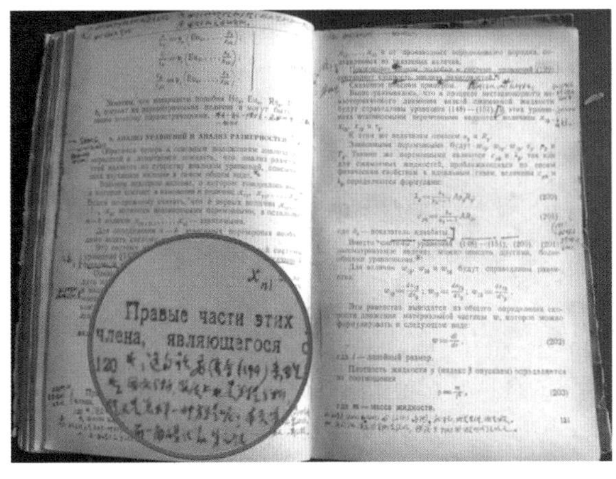

李德桃教授在“三年困难时期”翻译出版苏联权威著作《相似理论及其在热工上的应用》（1962 年）

在将近七年的时间里，李老师跑遍了大江南北近十个省份，完成了三次大规模的专业调研。其中在某次调研过程中，客车在河南境内发生了发动机意外自燃事故。他没有像其他乘客一般仓皇砸窗逃散，而是挺身而出，凭借扎实的内燃机专业知识，和司机合作迅速解决危难，保障了同行旅客的生命安全。

在20世纪60年代中期，时任镇江市委书记丁仁富亲自挂帅，组织研发185型涡流室式柴油机，李德桃老师是领导小组成员之一。他带领原镇江农机学院约十位教师和四十名学生，与上海内燃机研究所和镇江有关工厂的科技人员，共同开展工作。经过两年多的日夜奋战，终于在“文革”开始时试制成功。这是镇江市生产的第一台柴油机。其性能指标达到当时日本同类产品的水平。该机的燃烧室便是李老师设计的。

在工农业生产中磨炼、求索、创新

“文革”时，工宣队、军宣队进校后，全校教职工遵守“五七”指示，下农场劳动两年。李德桃老师主要担负排水灌溉的任务，其中有两项重体力活，一是柴油机水泵动力机组的搬运，二是手摇起动。1969年冬的一个寒冷日子里，面对近半吨重的机组，在其他教师知难而退的窘境下，他却像牛一般上前与另三个壮实的工人、试验员合力抬起；脚踩芦苇滩，深一脚、浅一脚，肩头的重压使他严重扭伤了腰部

用来进行试验的单缸机

（1971—1973年）

韧带。抬到目的地后，仅留下一人帮助他烧热水，灌入柴油机水箱暖机，其他人都回去吃晚饭了。他顶着户外零下几度的低温手摇起动机组。柴油机尚未起动，但是暖机的热水很快就冷了，只好放掉冷了的水，加入热水再起动，就这样一次次地循环起动，直到晚上9点多才把柴油机发动起来，此时他已饥寒交迫，回去就倒下了。过度劳累造成他下体水肿，第二天都下不了床。这真是体现了湖南人“不怕死，吃得苦，耐得烦，霸得蛮”的秉性！

1971年，全国提倡教师下厂再学习，他争取到去常州柴油机厂（简称常柴）的机会。该厂在当时是我国中小型柴油机厂的龙头企业。由于该厂技术领导的慧眼识珠，他的“再学习”幸运地被安排成技术攻关。他攻克的核心难关便是打破英、苏等国关于涡流室式燃烧室的技术垄断，并将柴油机最高转速提高50%。放眼全国，这在当时已是首创。

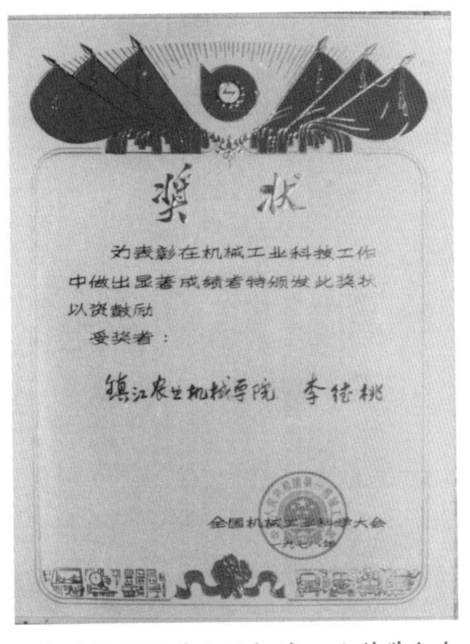

李德桃教授获全国机械工业科学大会先进个人奖状（1978年）

他带领常柴的几位工人和技术员最终解决了高速化所面临的气门、轴瓦和缸盖等零部件的可靠性问题，设计出最优化的燃烧室结构。历时三年，攻关团队终于出色地完成了攻关任务。国内外知名机构测试的结论是：产品的主要性能经他改进后达到了当时世界先进水平。不仅如此，他还把该成果和经验无私贡献给国家。国内所有涡流室式柴油机厂争先恐后地来求取“真经”。他的试验报告和论文一时洛阳纸贵，这使他名震当时。最终，相关研究成果为他带来了“全国机械工业科学大会先进个人奖”的荣誉，这打响了他职业生涯的第一炮。

然而，成果背后的艰辛却鲜有人知。鏖战的一千多日里，不分昼夜，没有节假日。在研发试验中，他曾无奈地用几个大麻袋罩住台架来避免“飞车”等事故，以保证工作人员的安全。没有自动化数控机床，就纯靠人工磨锉出试验件。其中由于主燃烧室、涡流室和连接通道等都有多种方案，即使采用了正交方法，总方案数也成百上千。后来试验件堆满了几个大箩筐，因而这也被诙谐地称为以“大箩筐”来计量的试验工程。当时，试验室内可没有空调，夏天经常 40 多摄氏度高温，冬天严寒时又不能生火取暖。并且他的口粮定量 8 两 / 天，约仅为普通工人的 2/3，连衣服的布料都只是粗糙、易碎裂、扎人痒的回纺布。时任江苏省革委会主任彭冲（后曾任全国人大副委员长）曾视察常柴，在试验室看到李老师，还以为是勤杂工。

1974 年，李德桃老师应邀到上海工业自动化仪表研究所主持新一代流量计——旋涡流量计的研发工作。经过约三年的试验和理论研究，他推导出该流量计的基本方程，奠定了理论基础。产品由常州热工仪表总厂生产。他和研究人员还到多个动力机厂和四川天然气公司做过使用考核和推广应用。他曾因此成果而应邀到上海大学等单位做专题讲座。该成果获江苏省科学大会奖。

收获的季节到了

当改革开放的大潮来临之际，对每个人来说，这既是机遇，也是挑战，李德桃老师受到了机遇的垂青。由于在教学、科研方面的经历和成绩，他作为国家首批公派出国人才之一，于 1979 年赴罗马尼亚社会主义共和国，在蒂米什瓦拉工业大学进修。基于他已有的学术成就，他接受导师华西里 · 贝林单（V. Berindean）教授的建议，将进修升级为攻读博士学位。经过两年多的刻苦学习，他完成了毕业论文《压燃式发动机涡流燃烧室高速适应性研究》，获得博士学位，并获得了该国相关行业20多位顶级专家、教授的高度评价。在学成归国途经苏联境内时，他遭遇了克格勃的盘查，列车被临时停靠了五六个小时。他的两大箱子行李也许比较醒目，遭到了两个克格勃工作人员粗鲁的搜查，结果发现里面几乎全是理工科的教材和资料。当盘查得知他的专业和博士学位后，克格勃工作人员软硬兼施，要求他留在苏联工作和生活。但他用流利的外语拒绝了克格勃工作人员的无理要求。双方对峙了两个多小时，场面气氛几度凝重。直到列车的汽笛声重新响起，克格勃工作人员才下车，但仍一边窃窃低语，一边犀利地回望着他。他这才有惊无险地回到祖国。

为什么老一辈的科研工作者在海外学成后，大都愿意排除万难归来报效祖国？原因之一是在那个年代，大学是由国家提供全额助学金，家里不用掏一分钱，是人民用血汗供养了那一批学者。他们在党的教育下，逐渐懂得了人活着不能只为个人和家庭，也不能仅为桑梓的父老兄弟着想，要为国家的富强、人民大众的幸福和民族的兴旺发达做出自己的贡献。正是在这种思想的启迪下，他这头“茶陵牛”，逐渐成为全心全意为人民的“孺子牛”。

在对待工作的选择上，他充分体现了“孺子牛”的精神，觉得自己还是适合搞科研，用自己的知识回报社会，放弃了担任地级市副市长、政协副主席的机会，放弃了小汽车和勤务员等“特供”享受。

改革开放伊始，正逢我国农用动力行业的大发展期，其中农用小型柴油机如雨后春笋般遍布全国，其年产量在20世纪末期有

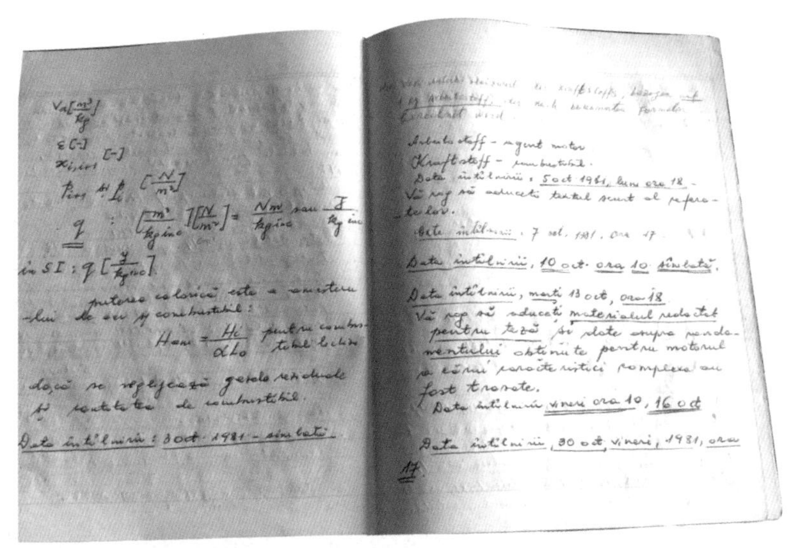

李德桃教授同导师贝林单教授一起讨论博士论文中学术问题的记录（1980—1982 年）

李德桃教授以全国人大代表身份参观天安门城楼，在美国送给慈禧太后的内燃机汽车边留影（1984 年）

近千万台，约占世界年产量的七成。这个大发展期也为他创造了一个实现抱负和展现才华的机遇。

1982 年回国后，他积极接受学校的重托——白手起家组建工程热物理研究室。两间 20 平方米不到的小房间，几张普通桌椅，就是这个研究室“开张”的全部家当了，说白手起家一点也不为过。试验室完全靠借，试验仪器半借半自筹，如测温用的热电偶是靠自研开发的电容储能焊机自制的。然而，他将“孺子牛”的精神永驻心中，战胜了各种艰难险阻，勇攀科研创新的高峰。他积极响应国家“降油耗全国大会战”的方针，针对当时涡流室式柴油机工作过程中部分负荷工况占比较大的实情，率先开展了降低“部分负荷”油耗的研究。经过两年的努力后取得了省油 5~16 克 / 马力小时的骄人成绩。这项技术很快在全国如“遍地开花”般推广开来。例如，帮助濒临倒闭的泰县（今泰州市姜堰区）柴油机厂力挽狂澜，使该厂于 1984 年至 1988 年期间生产的改进型 S195 型柴油机产品节约燃油 400 余吨。经有关部门鉴定，这项技术经 20 多年全国推广，每年为国家实际节省柴油近百万吨，他也因此荣获了国家发明奖。

1983 年经他的倡导和组织，他的团队与上海内燃机研究所（简称“上内所”）及常柴等单位合作开展涡流室式柴油机性能全面改进的研究。三年后，在油耗、振动噪声、可靠性和排放等方面都得到了明显的改善，他也因此荣获了机械工业部科技进步奖。那时，国内学术界和工业界鲜有人员关注柴油机的排放问题，相关测试设备又十分稀缺。幸得当时上海内燃机研究所“神雕侠侣”何学良与李疏松伉俪的热心帮助，方才解了这一难题。其实长远来看，他在改革开放初期至今都一直呼吁重视排放问题。他曾发起和执笔，并请史绍熙院士牵头，共同发表了论文《关于建立和完善我国汽车排放法规若干问题的探讨和建议》，这一对民生具有重要意义的联合倡议在国内具有首创性。

在农村下放过程中经历过手摇起动柴油机的实践与劳苦后，他一直思考着柴油机冷起动困难的缺陷问题。因而他希望能改善冷起动性能，减轻相关操作人员的劳苦，实现造福“三农”的宏愿。于是从1988年开始，他展开了涡流室式柴油机冷起动的研究。他组织数个高校、研究所和工厂的有关人员，会聚到长沙内燃机研究所，群策群力，进行冷起动技术的集中试验——“长沙会战”，完全依靠自己组装的设备取得了非稳态示功图。这在国内是首创。

基于这些试验，他从低温起动燃烧规律切入，揭示了起动孔促进涡流室易着火和主燃室提前着火的作用机制，从而结束了学术界关于起动孔机理长达30年的争论。他的研究结果使一般中小型柴油机的最低冷起动温度指标扩展了5~10℃，且因改善冷起动时间和低温下可燃混合气质量，使“蓝烟”和“白烟”等排放显著减少。由此，他再次荣获了机械工业部科技进步奖。他的相关研发技术迅速被推广到全国，

20世纪80年代，李德桃教授帮助泰县柴油机厂改进产品性能获得的奖杯

国家发明四等奖：低油耗、低污染、低爆压的柴油机涡流燃烧室（1991 年）

涡流燃烧室照片（1991 年）

李德桃教授在日本上智大学任客座教授时与著名的五味努教授合影（1992 年）

李德桃教授在京都大学与世界著名的池上询教授讨论学术问题后合影（1992 年）

受到众星捧月般欢迎。例如，邵阳汽车发动机厂生产的 480Q 型柴油机当时因冷起动性能差而滞销了 3 万多台，经他改善后随即销售一空，在随后的三年中增加的销售额达 1.2 亿元。又如，华裕发动机公司在当时是全国唯一生产 4000 转 / 分汽车柴油机的企业，面对冷起动问题也曾一筹莫展，但在获得他的技术支持后问题便迎刃而解。再如，他帮助泰县柴油机厂（现扬州市动力机厂）改进的 S195 型柴油机，年产 2.5 万台，填补了国内同类产品的空白，荣获全国中小型柴油机展评会“最佳奖”，此事件载入泰县县志《淮东古邑——泰县》（1989 年编著）。这些技术的推广都是无偿奉献，他从未向厂方索取分文。柴油机冷起动研究前后共历时约 11 年，其中试验耗时约五年，真可谓“十年磨一剑”。

仅在柴油机领域，他自 1982 年至 1994 年先后申报并获批了四项国家自然科学基金项目，分别简述为“精确的放热规

李德桃教授出版的主要专著

我校机械学科元老李汉中教授为李德桃教授题词（2016 年）

律”“冷起动机理”“非稳态燃烧机理”和“相关火焰模型及应用”。这些项目都已硕果累累，不论在学术界还是工程界都获得一致好评，如其中第二项在建国50周年《国家自然科学基金资助项目成果年报》上被评定为工程热物理与能源利用学科四项重要成果之一。只有如此专一、持久和深入的钻研，方能成就后期卓越的贡献。

2019年盛夏，团队的潘剑锋教授陪同李老师到常柴故地重温。常柴股份有限公司副总经理徐毅以及当年的老厂长、全国劳动模范汪志钧老先生热情接待了这位常柴的老朋友。在详细介绍了实验室新近引进的先进测试设备后，不由得共同回忆起李老师鏖战常柴的那段艰苦备尝而又激情燃烧的岁月。近50年过去了，当时的老厂长汪志钧和李老师都已是耄耋老人，但是一说起那段岁月，他们语调激昂，眼中有光。在那样艰苦的年代，李老师和常柴领导、技术员丝毫不计较个人得失，一心搞技术研发，最终做出了一流的成绩。大家一致表示，这一阶段的工作是国内厂、校、所联合研发的初次尝试，是校企联合的创新实践，更是科研服务于生产力的突出典型。得益于厂校结合的创新科技成果，仅以在我国使用面广量大的S195型柴油机为例，常柴就生产了3000多万台。从此行驶在我国广袤土地上的柴油机，超过半数来自于常柴。不仅如此，常柴的产品还远销80多个国家，为国家赚取了大量外汇。

柴油机是我国农业机械化道路上的璀璨明珠，它在我国农业和工业的发展中发挥了难以估量的作用。李德桃老师以任劳任怨的孺子牛情怀，坚持在柴油机科研领域辛勤耕耘了半个世纪，他付出的努力是常人难以做到的，他用实际行动为我们后辈做出了榜样，并给予了激励和启迪：搞科研要坚韧不拔，要有克服重重困难和阻力的决心与毅力；对科研工作而言，“四跨”合作是一

常柴集团有限公司原总经理兼总工程师汪志钧（右一）陪同李德桃、潘剑锋教授参观实验室及新产品样机（2019 年）

常柴集团有限公司原总经理兼总工程师汪志钧（右一）、现第一副总经理徐毅（左一）向李德桃教授赠送纪念品（2019 年）

条有特色、行之有效的途径；将成果无私奉献给国家和社会是科研活动的精神核心。

（本篇内容由团队三代人口述及提供素材，由段炼、杨文明整理成文。）

作者简介

段　炼（1984—），江苏大学助理研究员。2015年获江苏大学博士学位，主要从事柴油机高压共轨喷油系统的喷油器液力结构研发和相关喷射过程的空化、穴蚀、积碳等机理研究。曾获省部级科技进步奖。

杨文明（1974—），新加坡国立大学终身教授及工程学院院长讲座教授。1994年毕业于江苏大学，2000年获江苏大学博士学位。曾获机械工业部、江苏省及教育部科技进步奖多项。主要研究方向包括内燃机的燃烧过程与排放物控制、微型热光电系统及生物质锅炉等。

我和我校的工程热物理研究室

顾子良

童年的故事

1935 年，我出生于江苏武进县（今常州市武进区）一个贫苦农民家庭。我家田地少，人口多，所以又租了人家三亩水田耕种。一年忙到头，只能勉强维持艰苦的生活。若遇水、旱、虫灾，更是度日维艰。当时正值日寇疯狂侵华时期，鬼子兵时不时下乡扫荡，我就得跟着大人们东躲西藏逃难。最可怕的一次发生在我七八岁时，一队鬼子突然进了村，把全村男女老少都集中到打谷场，又在每家门口堆满了柴火等引火材料。鬼子要烧房子，这可不得了啊！因为我们邻村姚家头就被日本鬼子杀人放火洗劫过，大家记忆犹新，所以大人们非常惊恐害怕。在这紧急关头，我那裹着一双小脚的祖母，不知她哪儿来的勇气和胆量，竟一扭一扭地走到鬼子面前进行交涉（有翻译，一般都是汉奸），也不知她说了些什么。过了一会儿，居然交涉成功，使我们这个只有 20 户左右的小村庄逃过了一劫，这种经历是我一生都不可磨灭的记忆。我小时候常做的一个噩梦就是鬼子来扫荡，我拼命地逃跑，但逃来逃去却仍在原地踏步，急出一身冷汗后惊醒。我对日本鬼子十分憎恨，可以说，我的童年是在家困国难中度过的。

到 9 岁那年，我才开始上潘家桥小学一年级。后来我祖母去世，二年级没读，在家帮父母干农活，接着又上三年级，开始学习很困难，老师多次叫我降到二年级我不肯。经过自己的努力，我在三年级竟考到了全班第五名，所以我就顺利地升到了四年级。四年级的第一学期，我又考到了全班第一名。这时潘家桥小学要升“完小”（即有一至六年级学生的小学），老师又让我及几名成绩好的同学跳到五年级上课，所以小学我实际上只读了4年就毕业了。

跳到五年级正好是春季学期。农忙时，语文老师以《春忙》为题目要大家写篇作文，结果我写成了诗歌的形式，原文如下：

春忙

春日里，家家忙，农民没有闲时光。采桑叶，给蚕吃，头眠二眠三四眠，盼着蚕儿快结茧，卖了茧子买食粮。

春日里，家家忙，农民没有闲时光。噼噼啪，噼噼啪，农妇场上打大麦，打完大麦打小麦，打完小麦又插秧。

当老师改到我这篇作文时，从头到尾都圈了红圈圈，又马上跑到班里来朗读并大加赞赏，还问我怎么会写成这样的。我说这是我们家春忙的真实情况，这些活我都是和父母一起干的。

现在不少年轻人可能不知道，从孵化出小蚕到蚕宝宝“上山”结茧共要休眠四次，最后一次休眠叫“大眠”，大眠后再吃一段时间桑叶，蚕宝宝就“老了”，这时蚕身通体透明，就可以把这些老蚕捉到用稻草秆做成的散把上（俗称“上山”）结茧了。

另外，我家人多地少，自己种的粮不够吃，到春天青黄不接的时候要买粮吃，只有卖了茧子才有钱去买粮。

1949年4月23日，百万雄师过大江，我的家乡也解放了，接着就开始土地改革、镇压反革命运动。土改时，工作队长叫我帮助做些写写算算的工作，中午有顿饭吃，常有红烧鱼、肉等荤菜，吃着这“免费的午餐”，我感觉是有生以来从未尝过的美味，印象特别深刻。土改时，我家分到了几亩水稻田，加上1948年我父亲在村上开了个水面店，压面条、馄饨皮卖，生活才逐渐有所改善。

初中高中

1949年9月，我到三河口延陵中学读初二，1951年初中毕业。当时延陵中学刚开办了个“土木专科”班（中专班），我们刚毕业成绩好的10名同学不用考试就直升到土木专科班。我很高兴，因为三年毕业后就可工作挣钱养家了。这时我的同班同学冯勤清邀我陪他考很有名的江苏省常州中学，那时我连

江苏省常州高级中学百年华诞（2007年）

常州城里都没去过，就陪他去考考玩玩，结果两人都考取了。当我收到两份录取通知书后，还是一心想读土木科，可我父亲却要我到省常中念书，我遵父命就到省常中读高中了。我家离常州近 20 公里，当时没有汽车，只能步行，走到常州要三个多小时。去学校报到要先到后塘桥乘坐拉纤船到常州北门上岸，再背着行李铺盖走到学校。

高中学习，一切都很顺利，成绩也很好。高二暑假，老师要我留校帮高一学习困难的同学补课，因这届是扩大招生，从我们这届只招 3 个班一下子扩招为 10 个班（每班 50 人），一年读下来约有 20% 的学生学习跟不上，所以学校决定利用暑假给他们补课，我协助数学老师做辅导答疑和批改作业的工作。一个暑假下来很有收获体会，不仅是因为学校给了我 20 多元的报酬，主要是我萌发了将来当老师的愿望，而且感觉自己挺适合当老师，以至于报考大学的第一志愿是华东师范大学，但最终还是被华东航空学院（下文简称“华航”）录取了。

读高中时家庭经济困难的学生不少，学校为减轻学生经济负担，拿出 100 元作本钱，在校内开了个小小文具店，店内所有文具均按批发价销售。我在高二时被任命为小店经理，工作就是去大文具店批发进货，做好账目清单。小店每天中午开门，有几位同学轮流值班，我也参与值班，都是义务的，按现在的说法叫志愿者。当我毕业移交时账上经费有近 200 元的盈余。既然是批发价销售，哪来盈余啊？我举例说明就知，假设一支铅笔零售价是 0.1 元，一打铅笔的批发价是 1 元，一打是多少？也许现在有些年轻人不一定知道，一打是 12 支，算下来批发价就是不到 9 分一支，按每支 9 分钱出售，一打铅笔售完就多出 8 分钱，这样日积月累，两年下来就有了近 200 元的盈余。看来开个小店也是蛮赚钱的。

我的大学

华航，可能不少人连名字都没听过。其实它是由浙江大学、上海交通大学、南京中央大学三所学校的航空系经院系调整集中起来，于1952年组建的一所国防院校。新校址建在南京中山门外的卫岗，即现在南京农业大学的地址。当时中山门内的御道街还有一所南京航空专科学校，即现在的南京航空航天大学。我是1954年到华东航空学院航空发动机系学习的，是第一届五年制本科生，所以要到1959年才能大学毕业。我在华航学了二年，到1956年暑假整个华航迁校至西安，改名西安航空学院。我们学校搬迁得很干净、彻底，不仅所有设备，师生员工都去了，连理发师傅、缝纫师傅等也都跟着去了。而同年迁去西安的还有上海交大，最终大约去了一半，成了现在的西安交通大学。

1957年，当时在陕西咸阳的西北工学院（也是国防院校）与西安航空学院合并后又改成了现在的名称——西北工业大学。

作者在西安航空学院校门前留影（1956年）

1954年，华航共招新生360名，省常州中学就去了36名。进华航不久，国家开始实行粮食统购统销。学生吃饭也要定量了，我记得是每人每月32斤粮。1955年，我们刚学完“机械制图”课程，学校组织部分学生到国防工厂——南京晨光机器厂描图，描的都是苏联供应的武器图纸。晨光厂安保很严，给我们发的证件只能进出规定的科室车间，我描的是大炮图纸，都是为解放台湾做准备的。一个暑假下来，除吃饭免费外，居然还给了20多元报酬，这笔“意外之财”让我很高兴。我们这届像我一样家庭经济比较困难的学生不少，好在当时国家是不收学费的，还有奖、助学金补助，因此，尽管我是个穷学生，但大学五年的学习生活还是顺利地度过了。

我学的是航空发动机专业，本届共招收180人左右，其中女生只有8位，且都集中在我们第1班。第一学期我当班级生活委员，第二学期开始直到大学毕业，我一直当班主席。当时班级的主要干部有三个，称之为“红三角”，即共青团支部书记、班长和班主席。团支书不用解释；班长专管学习，下面有各课程的课代表；班主席负责行政工作，下面还有生活委员、文体委员等。在南京的两年里，班级组织过两次郊游活动。一次到栖霞山，是从下关乘火车去的。第二次是去燕子矶，全班同学带了行李铺盖乘汽车到南京晓庄师范住了一夜，晚上搞了个晚会唱歌跳舞，等等，还自己开伙做菜烧饭，第二天到燕子矶游玩后乘车回校，这次郊游大家玩得都很尽兴。搬到西安后，由于景点离学校都较远，就没有再搞过这类郊游活动了。

再说一件事。1958年，顾乃亨教授给我们上“气体力学”课，讲到用一元方法解航空发动机超音速喷管这一章时提出一个问题，即：已知喷管外压力，怎样求解超音速尾喷管内喉部和喷口间发生激波的位置，并说在其所见的参考书中均未见解。我根据已学知识写出了喷管内激波位置的求解方法，他认为是正确的，并评价说解决了这一“略重要问题”，还专门列出一节把我的解法编入其“气体力学”的补充讲义中。

我当老师了

1959年，我从西北工业大学毕业后，被分配到哈尔滨工业大学航空工程系任教，实现了我当老师的愿望。

我在哈工大工作了四年多，给学生上了一门“航空发动机试验”课，还任实验室副主任，负责筹建航空发动机实验室。但由于没有经费投入，几年下来实验室还基本停留在纸面上。1960年，学校派我一个人到长春第一汽车制造厂搞气垫车的合作研究，分工给我的任务是设计风机叶片。到年底，我和工厂研制人员一起带了样车到北京装甲兵司令部开会，会址在卢沟桥附近的坦克部队驻地，经实地表演验证，证明气垫效应有效，气垫车可浮起离地面30厘米左右自由行进。会开完后，可能因经费困难，该课题也下马了。而现在已经应用的气垫船和气垫登陆艇与我们当初搞的气垫车原理是相同的。

在长春时还有一个小故事。由于当时国家正处于经济困难时期，我的粮食定量每月只有27斤，副食也很缺乏，总是感觉吃不饱。一次星期日去市里，实在是太想吃了，竟买了一斤糯米饭与一斤半地瓜糖，一下子都吃掉了，还感觉不怎么饱。现在的人看来可能会觉得很可笑，但这却是当时大多数人生活的真实写照，没经历过的人是很难体会的。

从1960年开始，我国的国民经济进入连续数年的困难时期，老百姓吃饱肚子都成了大问题。党中央及时提出了“调整、巩固、充实、提高”的八字方针，对国民经济进行大调整。首当其冲的是 1958 年“大跃进”时期“大干快上”的工程项目接二连三停工下马，相关的调整也波及到了教育领域。由于哈工大航空系是“大跃进”时期新成立的，基础也薄弱，1963 年就停办了。而此时，与大力发展农业息息相关的镇江农业机械学院（江苏大学前身）应运而生，并于 1960 年正式成立。

1963 年，吉林工业大学排灌机械专业南迁，镇江农机学院领导专程去吉工大迎接师生，又到哈工大请求支援教师，我有幸被选中。于是 1964 年 3 月 1 日，我从有“东方莫斯科”美称的哈尔滨出发，千里迢迢，乘火车到天津北站下车后换乘公共汽车到天津西站，再转北京开往上海的火车一路南下到南京浦口站。再经 3 个小时左右的火车轮渡过长江到南京下关站，再往南行并于 3 月 3 日到达镇江，整个旅程共约 50 小时。当时的镇江市内还没有公共汽车，因此只得从牌湾火车站（现已拆除）叫了一辆人力三轮车，穿越整个镇江城，经东门（现梦溪广场）沿着镇（镇江）澄（江阴）公路一路往东，三轮车左转右弯，上坡下坡，吱吱嘎嘎，晃晃悠悠，花了两个多小时，总算到达了目的地——镇江农业机械学院。

报到后，我被分配到排灌机械教研室任教。当时笑称自己是“从天上掉到了地上，还要钻入水中”。教研室给我安排的第一项任务是担任“柴油机燃油供给与调节”课程的教学工作，秋季一开学就要给从吉工大南迁过来的排灌机械 60 级的学生上课，我过去没有接触过柴油机，又没有现成的教材，需要自己动手编写，时间又如此紧迫，按照现在的流行语来说这项工作“极具挑战性”。为了完成任务，我只得“大门不出二门不迈”，不分白天黑夜地当了三个月的“书虫”，于 6 月中旬编写出了包括“燃油、柴油机、供油与调节”三部分内容的共约 10 万字的书稿并及时油印，解了新学期的燃眉之急。

1964年12月初，我刚上完课，又与排灌机械61级的学生一起参加“四清”工作队，到武进县魏村人民公社搞“社会主义教育运动”，简称“四清运动”。工作队一进驻，大小干部全都“靠边”。队员要和农民“三同”——同吃、同住、同劳动（实际上只做到了“二同”，我们工作队员是集中居住的）。当时对“队员”们的要求是很“革命”的，就连春节都要在农村过，不准回家，直到1965年4月初才结束回校。

以后，我又给排灌机械61级上了一遍“供油”课程。

1966年至1976年，是“文化大革命”的十年。从“文化大革命”轰轰烈烈开始到粉碎“四人帮”反革命集团结束，在这段时期里，举国上下，各行各业，人人都卷入其中。对于这场大革命，中央早已做出明确结论。我觉得“文革”确实是一场“触及每个人灵魂”的大革命，人人都在这个大舞台上“表演”了一番，也使大家逐步认识到我们的国家确实不能再这么“折腾”了，确实需要拨乱反正转入到以经济建设为中心的轨道中来，实行改革开放了。“文化大革命”中的故事很多，现择其一二说说。

一是走“五七”道路。1969年5月7日，毛主席发表了关于对“知识分子进行再教育”的最高指示，简称“五七”指示。为了落实这一指示，经过一段时间的筹备，1970年初，在驻院工人、解放军毛泽东思想宣传队（简称工宣队、军宣队）的带领下，全院师生员工（除极少数留守外）浩浩荡荡开赴宜兴滆湖边，建设“五七”农场。全体“五七”战士边进行“文革”清查“5·16分子”，边围湖造田建农场，革命和劳动两不误。因为是在湖边建设农场，所以要先修大堤，再清理芦苇荡造田，还要盖食堂、简易宿舍，以及修机电排灌站，等等。经过大家的奋战，造田的当年就插下了秧苗，秋天取得了水稻丰收。由于本人生长在农村，至读大学才离开，因此干农活都不在话下。盖食堂打地基需要用石头，我一担子挑了两块，结果去称了一下，竟然重达 236 斤！割稻子的时候，我一垄割到了头，其他人半垄还没有割到。不过，对于没有干过农活的人，这的确是一种很好的劳动锻炼。

二是招工农兵大学生和“学朝农”。“文化大革命”一开始，不仅是全国都“停课闹革命”，连新的大学生也不招了。1971 年，在停招大学生 6 年之后，国务院发出了指示，要从“工农兵中招收有实践经验的大学生”。我又被从“五七”农场调回学校，在“教育革命组”（相当于现在的教务处）与其他四位同志一起做招生准备工作。1972 年就招收了内燃机等五个专业的工农兵学员。

农用水力机械（原排灌机械）专业是 1974 年 9 月开始招生的，每年招收一个班，约 30 人，学制 3 年。新的水机专业决定不搞柴油机了，以水泵、水轮机作为主要专业课程。当时动力系的领导希望我回系里工作，这样我在 1974 年的上半年回到了动力系的水机教研室任教研室主任，与毛楚方、谢福祺老师一起，担任“水轮机”课程的教学任务。对我而言，同样面临着没有学过水轮机，也没有现成教材的困难。我们三人只能从调查研究开始，向国内搞水轮机研究、生产和应用的研究所、生产厂家，以及农村小水电站收集相关资料，又找些有关水轮机的图书消化吸收后着手编写教材。我负责编写水轮机原理部分，毛老师负责编写水轮机结构部分。在水机专业 74 级工农兵学员上专业课之前，我们硬是完成了字数更多的《农用水轮机》教材的编写和印刷任务，按时给他们开出了这门课程。其后的 75、76 级学员也是用的这本教材。

招收工农兵学员之后，虽说课也算是上了，但是当时“文化大革命”仍然在如火如荼地进行中，学校也依然是以阶级斗争为主课，工农兵学员要“上大学、管大学，用毛泽东思想改造大学”。1975 年，学校领导到辽宁省朝阳农学院学习取经，回来后在全院推广学习“朝农经验”。“大学就是大家都来学”，还要“开门办学”。当时水机75级学员刚进校不久，不肯在学校上课，一定要“学朝农”到工厂去“开门办学”。我提出反对意见，变成了“学朝农”的绊脚石。我当时是水机专业委员会（又称专业连队）领导成员之一，负责教学工作。最后不得不带专业连队的基础课、技术基础课的老师，以及75级学员一起到南京江东门一个柴油机缸套厂去“开门办学”。实际上这不过是一次课堂大搬家。当时正好遇上寒冬，在那里艰难地上了一个学期的课之后，我们还是回到了学校。

1976年10月6日，以江青为首的“四人帮”反革命集团被粉碎，真是举国欢腾，大快人心！党中央宣布“文化大革命”结束，并于1977年正式恢复高考，招收本科生，学制也改为4年。根据全国教育工作会议精神，对新本科生提出了“基础要好一些，知识面要宽一些，适应性要强一些”的要求，各专业都制订了新教学计划。为了加强基础理论教育，除水力机械、内燃机等专业要开设流体力学外，全院的工科专业都要开设工程流体力学，而当时的实际情况是教授流体力学的教师仅有两人，教学力量严重不足。在这种情况下，我于1979年又改行搞流体力学，直至退休。在流体力学教研室，我先后承担过水力机械、内燃机、热能工程及其他工科类专业的流体力学及工程流体力学的教学工作。由于教师严重不足，有一次我给8个班不同专业200多名学生上工程流体力学课，讲课都用上了扩音器。这样两节课上下来人还是感觉很累的，我想这也许是我校仅有的大班课纪录吧。

1986年起，我还负责主持了流体力学低速风洞实验室的建造工程，从调研开始到风洞设计、制造、安装、调试，最后验收合格，共花了两年时间，总投资33万元。风洞主要用于流体机械专业学生的教学实验，也可用于某些民用产品的模型吹风试验。

我们这代人，干工作从不看条件，不讲价钱，哪里需要就到

作者与当年设计建造的风洞合影（2019 年）

哪里干，而且尽力把工作干好。我在读高中的时候就有了当教师的愿望，大学毕业后如愿了。调到本校之后，先后编了几本教材，上了几门课。我很乐于上课，学生也喜欢听，很高兴。

我与李德桃老师

说到我和工程热物理研究室的渊源自然离不开和李德桃老师的关系。我调来本校之后，与李老师在一个教研室工作。我编写的《柴油机燃料供给与调节》教材，其中有一章柴油机燃烧室是李老师编写的，这是我们的第一次合作。1965 年，又由李老师带队，一起到镇江脱粒机厂参与了镇江第一台 185 型柴油机的研制工作。此后，在“文化大革命”时期又都是所谓的“保皇派”，我们可以说是知根知底的同事和朋友。

1982 年，李老师从罗马尼亚回国后，负责工程热物理研究室，提出希望我参与其课题的研究，我表示同意。1983 年起我担任动力系副主任，分管教学和人事工作。1991 年，我主动辞职回到了流体力学教研室。我一直时不时参与着热物理研究室的工作。后来，李老师的研究工作遇到了越来越多的不应有的困难和压力。渐渐地，一些合作研究的老师离开了，自己培养并留下来在研究室工作的研究生也另谋高就去了，连他的得力助手单春贤在报考李老师博士生的时候也遭遇压力，最终也选择不搞基金课题而是做横向课题去了。为此，我跟单老师做了不少思想工作而未果。像何晓阳等由李老师培养的优秀研究生毕业时也特地找到我表示："坚决不留校。"到最后工程热物理研究室落得只有寥寥 4 人的惨淡局面。这是一段极其艰难的时期，李老师思想苦闷，精神压抑，跟我说上几句话就要叹口大气，提出了想调离学校的想法。我只能安慰安慰他。我说调离学校是不可能的，哪怕当个花瓶，也得摆在这里。工程热物理研究室不能夭折，必须要挺过去。其实那个时候我最担心的是怕李老师万一想不开而出现什么意外。我坚定地支持他，耐心地听他倾诉，并更多地参与热物理研究室的工作。若干年后，有一天李老师高兴地跟我说"领导同意我走了"，我说这是故作姿态，你现在已经走不了了。想想一个花甲之年的人还能走到哪里去呢？可见调离的心思还在纠缠他。

为了完成基金课题和研究生的培养任务，李老师利用其在国内外丰富的人脉资源，逐步走出了一条跨学科、跨单位、跨地区、跨国界的"四跨"之路。利用相关高校和科研院所的先进仪器设备，合作进行了有关课题的试验研究，并都得到了同行的大力支持。尽管这是被"逼上梁山"的路，却取得了意想不到的良好研究成果，算得上是因祸得福吧。

我在热物理研究室所做的工作，有协助李老师指导研究生，包括课题调研、实验研究、业务讨论、论文审查修改等；也写过一篇文章，发表在《农业机械学报》1998年第4期上，文章是根据王谦读博期间在天津大学燃烧学国家重点实验室所做的柴油机涡流室内空气运动的LDA测试数据写的，专门论述柴油机涡流室内的湍流分布特性；还有行政工作，例如各种问题的讨论。有两次李老师去美国都长达半年多，研究室的一些工作就交给我代管了，另外还有思想工作。总的来说我在热物理研究室的工作比较杂，记得引进的高速摄影机的润滑油用完了，还是我到南京航空航天大学，找了从哈工大调到该校的前同事，要了一大瓶航空润滑油回来供我们这边应用之需要。

由于我一直参与热物理研究室的工作，也受到了不小的压力。但我是下决心要支持到底的，哪怕升不了教授也在所不惜。果不其然，在我申报教授职称后，居然出现了撤销李老师的校学术委员职务等非常情况，这是什么意思？明眼人一看便知。但即使这样，我的教授职称还是以高票通过了。这大概就是“人算不如天算，公道自在人心”吧。

随着时间的推移，环境和条件的改善，工程热物理研究室也雨过天晴，逐渐发展壮大。不仅有了相应的本科专业，还具有了硕士、博士学位授予权。这里人才济济，一批批的年轻人正继承和发扬不怕困难、务实求真的作风，进行多项热物理课题的研究并取得了很好的成果。看到这些，我深感欣慰。我还希望，我们的团队成员，人人都能发出正能量，传递正能量，尤其是共产党员、领导干部，要有事干在前，名利靠后站，团结带领团队所有成员继续奋斗，以期取得更大成绩。

2017年，李老师跟我说要出一本人文书籍，要求每人都写一篇，要我也写一篇。我觉得我的人生一路走来不仅平凡，也很平淡，没有什么可以写的。此外，我已多年不写文章，且以前也从未写过这类文章，尤其写起一些工程热物理研究室的事情也很难把握分寸，因此我一再推辞，但李老师却十分坚持。不得已只好提起拙笔，写了上面这些只给家人讲过的故事，算是滥竽充数吧。见笑了。

作者简介

顾子良（1935—），江苏大学教授。1959年毕业于西北工业大学，在哈尔滨工业大学任教5年，1964年调入镇江农机学院（今江苏大学）。曾任航空发动机实验室副主任、水力机械及流体力学教研室主任，1983年起任动力机械工程系副主任。长期从事内燃机、流体机械及流体力学的教学工作。负责建造了1.5米试验段直径的低速风洞，完成省部级科研项目2项，在《动力工程学报》和《农业机械学报》上发表论文多篇，参与李德桃教授的国家自然科学基金和博士点基金项目并协助他指导博士生工作。1996年退休。

从试验研究中
获得友情和真知

林德嵩

江苏大学李德桃教授主编的这本书，以“科技创新不断，文化传承不止”为宗旨，可以说是一个新的创举。它有利于学术界的相互交流，相互学习。李教授与我有 56 年亦师亦友的情谊。我也曾两次参与李教授承担的国家自然科学基金项目的实验。他要求我也写一篇记叙文章，我乐于贡献微薄之力。

我院引进国内第一台 AVL 数字分析仪

20 世纪 70 年代，中国农业机械化科学研究院能源动力研究所承担了机械部多项科技任务，包括康拜因配套柴油机的强化、100 系列直喷柴油机燃烧系统的技术攻关、“铁牛 55”拖拉机配套柴油机在西藏高原增压恢复功率试验研究、华北地区农用动力的节能减排检测，以及排灌机械和植保机械配套动力的技术服务，等等。为了提高科研水平，很有必要引进欧美的先进测试设备。

1974 年春，我院率先引进了全国第一台 AVL 低高压指示仪，用来测量内燃机的工作过程。所里指定我负责调试运行这套新的设备。这套测试系统包括标定器、电荷放大器、载波放大器、测量低压和高压用石英压电压力传感器，传感器的冷却水装置，一次成像示波摄影系统，4004 自动控制器，等等。同年秋季，开始用于进排气压力波的测试。由于大家未见过这种新设备，北京许多单位（包括中科院力学研究所、清华大学、北京内燃机总厂、北京农机学院等）都前来参观这套新的 AVL 低高压指示仪。有些单位还邀请我们带着 AVL 低高压指示仪前往测试。如北京理工大学测试德国进口的 DEUTZ413 系列风冷柴油机的进排气压力波、清华大学测汽油机进气压力波、北京铁道科学院机车研究所测铁路机车柴油机的低压过程数据等。他们都是为改善柴油机（或汽油机）的性能，或指导研究生而积累经验。那个年代我们都是尽义务不收任何费用的，觉得用国家的外汇引进仪器为各单位服务、为国家做贡献是一件非常光荣的事。认识李教授后，才知道发挥设备的最大价值，充分利用引进设备开展科学研究工作是他的一贯主张，也是他所创导的“四跨”科研团队发展壮大所秉承的重要理念，当然这是后话。不久，我们又引进了丹麦 B&K 的

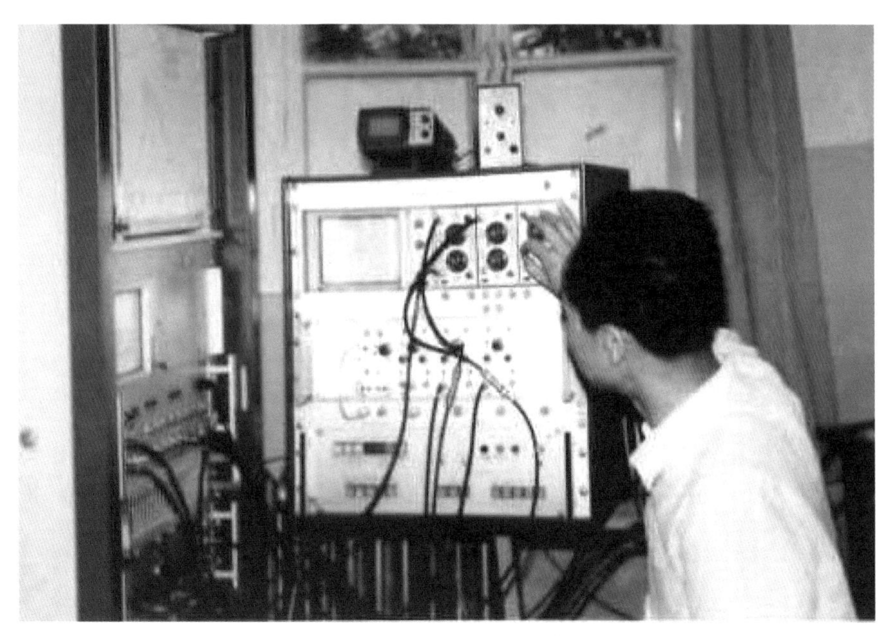

作者在调试实验设备（1986 年）

高精密声级计、AVL 烟度计、油耗仪、瑞士的针阀和气阀升程传感器。为了测燃烧过程，又购买了 Kistler 和 AVL 具有热冲击补偿的高精度压力传感器。为了监视测量信号，又另购置了一台 Tektronix 具有双稳态记忆功能的 5113 示波器和一台维修用的便携式示波器。

根据一机部要求下达的 1279 号文，为强化 X6105 型柴油机并提高功率，使之满足配套于“东风 –5”型自走联合收割机的相关要求，我院召集天津内燃机研究所、南昌柴油机厂、哈尔滨柴油机厂、辽源柴油机厂等单位的科研工作人员到我院动力实验室对 X6105 型柴油机（该机是采用复合式燃烧系统）进行“联合会诊”，利用脉动能量做进气管的性能试验研究与设计计算。改进匹配好以后，功率与扭矩均提高 10% 以上，燃油消耗率和排放污染明显降低。该项试验研究不仅适用于联合收割机，也适用于排灌、船用等固定动力应用。后来我院又对 S195、2100、6105 等机型做进气压力波的试验研究。

对于换气过程的测试，用示波摄影法精度尚可，但要进行燃烧过程测试并计算放热规律，就有必要进行数据采集。我深入考虑之后，经过研究室和院里向有关部门提出申请，通过后再报给部里并汇报郭栋才局长获得支持。1975 到 1976 年，我们经过多方面的艰苦努力才获准引进 AVL 数字分析仪。由此，我院与全国许多高校、研究所和工厂的联系和合作更加频繁。此后，国内其他单位也陆续引进了这种分析仪。AVL 公司考虑我院是指示设备的最早用户，使用经验丰富，在北京便于联系，更方便收集用户意见，所以就成立了 AVL 指示设备用户协会，并推举我为用户协会主席。用户协会还组织召开了几次学术交流会，相互交流学习。后来又有北京内燃机总厂、上海 711 研究所和玉林柴油机厂等三家用户购买了更高档次的 670 Indimaster。

1991年的4月初，春光明媚，我受邀访问世界著名的李斯特内燃机研究所并进行学术交流。上午从北京机场出发，乘德国汉莎航班飞往欧洲最大的法兰克福机场。当进入欧洲上空时，俯视下方，阿尔卑斯山脉的森林和开满黄花的嫩绿色草地，组成了一片绿色的海洋，映入我的眼帘，仿佛在热情地迎接着我的到来。我到达机场后，在宽敞高大的候机大厅办理了转机手续，就立即换乘去维也纳的航班，并续航直达格拉兹（Graz）。当天下午三时Hr. Kunig在机场迎接我，安排我住在距离AVL公司很近的Dreiraben宾馆。

次日早晨，Kunig先生安排我开始了为期半个月的参观访问和学术交流。我请Kunig先生把《涡流室式柴油机在不同条件下放热特性和性能的对比分析》《具有良好的热力学特性的AVL传感器与国产传感器的对比实验》和《柴油机示功图的测定及其对放热规律计算精度的对比分析》三篇论文复印几份，以备学术交流用。

众所周知，AVL是以研究开发柴油机、汽油机及代用燃料发动机而享誉世界的公司，我国是其重要市场之一。AVL开发的内燃机测量仪器品质精良、品种齐全，应有尽有。他们进行开发产品试验研究的十几个台架位于地下室，操作控制台布置在大走廊的两侧，与台架隔开。地下、地上几乎听不到噪音，声学设计十分完美。我参观了产品开发的各个部门，其中重点参观了石英压电压力传感器的研制、计算机辅助设计（CAD）开发产品及全所的计算中心。新传感器研发设计的工程师接待了我，并介绍说水冷型、耐高温且能承受间歇火焰温度热冲击的表面呈现圆形内凹的形状，这是他们经过有限元法（FEM）设计计算得出的优化结果。我马上向他索取论文，他说只有FEM计算，没有论文。当参观CAD计算机辅助设计部门时，该部门的工程师也做了简要介绍，并送给我一张石英传感器的（经过 CAD 画出的）彩色立体剖面图，结构清晰，一目了然。我回赠了这两个部门的两位研发工程师几篇论文。

周末，AVL 前亚洲经理 Behr 先生陪同我去维也纳旅游观光两日，欣赏古典音乐会，并在几处城市公园内（建有莫扎特、斯特劳斯、贝多芬、布拉姆斯等著名音乐家的立体雕像）内留影，还参观了多瑙河旁的维也纳国际会议中心。我感到科学实验与音乐有着内在的联系。

作者参观有莫扎特雕像的城市公园（1991 年）

参观过后，里仁维奇先生为我安排了拜访汉斯·李斯特（Hans. List）老教授的行程。周二的早晨，95 岁高龄的李斯特教授在他的办公室接见了我。里仁维奇与阿尔法曼两位驻京经理带我到老教授的办公室。一进门我先问候：“Guten Morgen！ Professor Hans. List！（早上好！汉斯·李斯特教授）”“Morgen，Herr Lin！（早上好，林先生！）”老教授回答我并伸出手，我赶紧走

作者与汉斯·李斯特教授合影（左起阿尔法曼、汉斯·李斯特、作者、里仁维奇）（1991 年）

过去，握了他的手并扶他坐下。我首先介绍："李德桃教授是我的老师，几年前赴欧参加国际学术会议时，受邀访问贵所，您还亲自在欧罗巴饭店宴请了我的老师，再次向您表示衷心的感谢！"我拿出李德桃教授的一封信递给老先生，他拿过英文信后细声阅读，口齿清晰。这不由得令我回忆起 1974 年春，在北京国际俱乐部的小会议室，李斯特教授给北京的内燃机科技工作者讲解"现代柴油机的设计与计算"的情形。当时他连续站立讲了三个上午，精力充沛不用休息，下午还要参观故宫或爬长城。只不过彼时的他没有几根白发，现在已是白发苍苍。

我们用 AVL 数字分析仪测出了国产涡流室式（IDI）柴油机主副燃烧室精确的示功图，李德桃教授则开发出精确的放热规律程序，改进了 IDI 柴油机的性能，大大降低排放，燃油消耗率达到国际先进水平。结束拜访前，我赞扬了两位 AVL 驻京经理，他们工作很认真负责，对中国客户都很友善。里仁维奇先生工作经验很丰富，每次都能解答客户的技术难题。拜访结束后安排了合影留念，我向老教授鞠躬敬礼致谢。离开 AVL 前，我向 AVL 指示设备部门的迪特·豪弗（Ditter Hauffe）经理建议：AVL 所有各种数字分析仪，各时期不同档次的指示设备，仅提供直喷式柴油机的放热规律程序，均没有 IDI 柴油机的燃烧放热规律程序；而我国的李德桃教授开发的放热规律计算程序是目前国际上最精确、最完善的程序，可否考虑进行合作？我的建议引起了他们的关注和兴趣。

多次参与李德桃教授的“四跨”学术团队的测试工作

李德桃教授从国外获得博士学位回国后，于 1982 年获得第一项国家自然科学基金项目“涡流室式柴油机放热规律的精确计算方法和程序”，该项目既是国际前沿研究，又符合我国内燃机发展的迫切需要。因为这种柴油机在当时是我国产量最大、用途最广、创汇最多的内燃机。1986 年，李教授组织研究生和无锡县（今无锡市）柴油机厂的技术人员，到我院动力实验室对 S195 型柴油机开展技术攻关试验研究，测取了不同涡流室通道在不同工况下的示功图。为了确保检测结果的精确性，我们采取了以下措施：

（1）选择耐高温、抗热冲击的压力传感器

20 世纪 70 年代，国内各单位都没购买到耐高温的压电压力传感器。测燃烧过程时，为避免烧坏传感器均采用直的或弯的测压通道。因此，当时国内各院校厂所都在探讨测压通道的测量误差，并不断发表各种修正测压通道效应的文章，推导出大量的数学方程式。然而，我们在 1974—1975 年间就已购买了瑞士 Kistler 公司具有 Polystable 专利的 6121 石英压力传感器，用来测量燃烧过程。该传感器具有平板式的头部，可承受高达 2500℃的间歇火焰温度的热冲击，长时间耐受 350℃的高温，可以实现齐平缸头底平面安装，从而消除了测压通道及余隙容积的影响。对于水冷型柴油机，则设计加工一个合金青铜、可穿过水套的装接套，底部靠端面密封，上部有 O 形橡胶圈密封，传感器装入该装接套内，由柴油机内的冷却水冷却，即可保证传感器的温度永久低于 250℃。为了保护 6121 传感器，安装时头部要缩进 0.5mm，并定期保养和标定。

在同时检测 S195 型柴油机主、副燃烧室的压力时，应选择两只灵敏度相近的传感器，频响也应一致，以保证准确的测量精度。

（2）充分利用高速数据采集器的幅值分辨率

20 世纪 80 年代，AVL 数字分析仪 ADC 的分辨率为 10bit，精度 0.1%，频响 700kHz。测量 S195 型柴油机主、副室的电荷放大器输出电压应该与 AVL 高速数据采集系统 ADC 输入端的指定电压相匹配。用于测量燃烧过程气缸压力的 ADC 输入端指定电压值为 0~10V（或 -1~9V），测倒拖压缩线时，应调到 9.5V（或 8.5V），并重新标定，相应两台电荷放大器输出电压应调至 9.5V（或 8.5V）。然而个别用户却没重视这一要点，把测量压缩线的电荷放大器输出电压随意调在 1V 以下，结果倒拖压缩线出现锯齿状（或阶梯状），而我们测的压缩线则很光滑，从没出现过此类现象。

（3）对测量主、副室燃烧过程压力曲线的光滑处理

为达到精确的气缸压力曲线值，必须测取 32（2^5）或 64（2^6）个连续循环的平均值。在进行放热率计算前，还要对燃烧压力曲线做进一步的光滑处理。当时国内各大专院校一般用样条函数或最小二乘法，AVL 则为我们提供了一个新的方法。

AVL 分析仪的软件中有 18 个主功能。其中的 MES（测量）、

INT（积分）和 DIF（微分）三个主功能很重要。将 MES 测量的气缸压力曲线进行连续积分（INT）和微分（DIF），反复地操作三四次，甚至五六次，使曲线最终呈现令人满意的结果。但是 AVL 派来调试运行的工程师却把积分和微分的次序颠倒了，即操作为先 DIF，后 INT，第一次光滑的结果是使曲线下移了（P_1+P_2）/2，这对结果造成了很大的误差。1982 年在第二汽车制造厂召开的内燃机学术会上，我院发表了相关论文，将曲线光滑处理的新方法介绍给大家，获得同行们的肯定。

21 世纪初，欧美及日本的所有指示设备，以及各种燃烧分析仪均无 IDI 柴油机放热规律的计算程序，只有李德桃教授对这种柴油机放热率计算的理论模型做了进一步的分析和改进，考虑到扩散流的影响，推导出了计算 IDI 燃烧室放热率的完整方程组，从而使理论模型更加精确。李教授基于测量不同工况下的示功图，分析和计算出涡流室式柴油机的精确放热率，并开发出一套具有自主知识产权的放热规律计算程序，为评价和改进涡流室式柴油机之性能提供了一种科学的依据和工具。在该项研究中，李教授首先提出了以热力学模型和经验模型组成的复合模型，作为涡流室式柴油机放热率的计算模型，建立了计算通道流量系数和主燃烧室传热系数的模型，发展和完善了计算方法和程序。

后来，李德桃教授又承担了“涡流室式柴油机冷起动机理的研究”项目（项目编号 5880241），该项目首先要求测录冷起动非稳态过程燃烧室内压力变化的数据。1989 年，李教授组织我院、江苏大学、北京特种发动机研究所、南京理工大学、湖南大学、长沙铁道学院及无锡县柴油机厂等 10 个单位的有关人员，集中到长沙内燃机研究所，充分利用 DL1080 瞬态记录仪、具有热冲击补偿的压电传感器、稳零漂电荷放大器，以及多通道磁带记录仪等仪器设备，利用该所的发动机低温实验室做试验。在贾大锄所长的大力支持下，李老师领导下的人员齐心协力，仅用几周的时间就完成了全部试验任务。用 DL1080 进行数据采集，然后存入磁带记录仪的任务主要由杨维佳博士完成，其他人员共同配合完成长沙的任务。后期工作由李教授和他的研究生到南京理工大学与杨博士一起整理数据。这次试验本身难度很大，我们参加试验的人员都是连续作战，工作和生活条件都很艰苦，吃饭就到所内食堂排队用餐，也没有什么加餐、外餐之类的，因此大家把这次试验工作比作抗日时期的“长沙会战”。战斗打得非常艰苦顽强，但最终取得了令人瞩目的胜利。通过“四跨”的方式，充分利用其他单位的人力、物力以及仪器设备，结合自己承担的国家项目，加以灵活运用，李教授团队做出了一流的成果，这也是李教授重要的科研经验。

试验完成后我们还举行了学术研讨会，李德桃教授牵头邀请了几位教授专家做了五场专题演讲。其中李教授主讲“涡流室式柴油机的燃烧过程和燃烧系统”；何秉初教授主讲“现代柴油机的结构设计与计算”；杨连生教授主讲“动力机械与底盘的合理匹配”；龙跃渊高级工程师主讲“降低军用车辆柴油机噪音的试验研究”；林德嵩高级工程师主讲“内燃机数据采集系统的试验研究及其技术分析”。当时来自长沙和全国各地的五十多名科技工作者都参加了研讨会。与会者反映：研讨会涉及内燃机领域的方方面面，内容丰富而新颖，希望能多组织这样的研讨会。

在科研测试合作中建立友情

由于我长期从事内燃机的测试工作，因此同该领域的几代专家学者有着较多的接触和合作，就这样和李教授也慢慢熟悉起来。我们所的高先声所长 1955 年从天津大学毕业后分配到长春汽车拖拉机学院（现吉林工业大学）任教，曾指导李教授这个班的毕业实习。因此，李教授一直称高所长为老师。高所长还向我讲述过李教授毕业前后对前辈们的许多尊敬之情。有一年，李教授来京参加人大会，提出想抽空来拜访高所长。得知消息的高所长对我说：“李教授是全国人大代表，知名教授，是有突出贡献的专家，应该我们去拜访他才是。”他立即让我安排车，前往李教授所住的招待所。一路上又对我说：“我虽然当过老李的老师，但青出于蓝而胜于蓝，他不仅是江苏工学院的优秀教师，优秀的研究生导师，现在还是全国多所大学的兼职教授，日本的客席教授，为国家培养出那么多人才。他培养的博士生，有些已成为国内外的企业家，或者知名大学的教授，博士生导师，甚至成为海外名校的终身教授……”师生相见，畅叙友情，相互交流工作情况，场面感人至深。李教授的尊师爱生精神真是有口皆碑！

胡国栋教授是我国首批内燃机学科博士生导师之一。他和李教授都是第六、第七届全国人大代表。两人在人代会上为发展我国的科研事业和内燃机工业共同发声、呕心沥血、献计献策。

胡先生常对我说：“李德桃为人正直、善良、勤奋。兢兢业业搞科研，老老实实做学问。我敬重他。” 胡教授曾邀请李德桃老师作为其第一位博士生朱元宪（也是全国首位博士生）的答辩委员会委员、评审专家。时值严冬，胡先生竟两次到大连火车站亲自迎接李教授。

胡先生从国家科委获得研究项目资助，我院动力所也成为该项目的合作单位，我是合作项目的负责人之一。当李教授获知此消息时，嘱我一定要认真全力以赴配合，并尽快完成任务。我遵照嘱咐，每周都打电话联系。胡先生来京开人代会时，我陪同他前往科委汇报项目的详细内容及过去的已有成果。当时科委主任派陈祖涛专员接待了我们，胡先生亲自做了详细的汇报：大连理工大学已对船用中速柴油机（四气阀）做了多次试验研究，采用伞喷油嘴或超多孔油嘴，配合专利的导油环，获得了较理想的效果，大大降低燃油消耗率，降低了烟度，提高了功率。在日本船用中速柴油机上的应用也很有效果，得到了日本内燃机权威长尾不二夫的赞扬和支持。我也简单介绍了我院已有的测试设备。陈专员已看过上报资料，听了当面汇报后，表示赞同并支持“伞喷预混合油膜燃烧”项目在中小功率柴油机上做试验，成功后可以在农用动力上进行推广。陈专员让我们与科技司和计划司联系项目，以便下拨资金。

当研究攻关项目即将下拨经费时，为科研工作操劳过度的胡教授不幸于 1992 年逝世，我们悲痛万分。胡先生的优秀学生魏象仪教授接替了该项研究任务，资金下达后我们与石家庄柴油机厂三个单位协同努力。按科委要求，要在一年内完成阶段性任务。我们在石家庄柴油机厂的 1100 单缸机上设计研制了十多种方案，最后选择了七种方案进行对比，其中采用五角燃烧室与五孔喷油嘴（此乃胡先生的超多孔理念）匹配的方案得到的结果是：燃油消耗率、爆压及压力升高率均达到或超过了研究指标，基本完成了阶段性任务。

时任天津大学校长的史绍熙教授是当时我国内燃机界唯一的科学院院士。凡是从事内燃机研究与开发工作的后辈们都久仰史教授的大名，都亲切地称他“史先生”。史院士的学生黄宜谅、林大渊和许斯都三位教授，均是国内内燃机第二代的优秀科技人员，都是李教授的同行好友。

李德桃教授利用天津大学的内燃机国家重点实验室，指导博士研究生开展涡流室式柴油机降低排放的机理性试验研究，取得了明显的效果，史先生十分赞赏。1994 年，李教授在美国开展合作研究，进行降低车辆排放的研究工作，获得了可喜的成果。但是联想到国内近十几年来车辆急剧增加，环境污染日趋严重，李教授非常担忧。于是由李教授执笔，几位专家合作写成了《关于建立和完善我国汽车排放法规若干问题的探讨和建议》的文章。初稿寄给史先生修改并希望他带领大家发出呼吁。史先生收到文章后立即表示赞同和支持，并建议《内燃机学报》尽快发表，以尽快引起国内同行的关注与重视。

史先生曾亲口对我讲述李教授从事科研的刻苦钻研精神，尤其是在涡流室式柴油机方面数十年如一日的勤勤恳恳、兢兢业业。他研发的具有自主知识产权的双楔形主燃烧室，不仅降低了爆压，降低后的燃油消耗率达到国际先进水平。他还首先把国产 95 系列柴油机的转速提高到 3000 转 / 分，在 495Q 上采用强制式水冷，以适合于车用。

1992 年，李德桃教授受聘日本上智大学客座教授，并应邀到日本东京大学、京都大学和早稻田大学等多所名校进行学术交流，还组织了技术讲座，受到了广大学者的一致好评。李教授的冷起动过渡工况研究机理的成果，得到了五味努教授、池上询教授等多位日本名家的高度评价与赞扬。

李教授积累几十年的教学与科研工作经验，培养了几十位研究生，带领“四跨”学术团队取得了丰硕的科研成果，并于 1999 年完成了专著《涡流室式柴油机的燃烧过程和燃烧系统》。李教授将初稿呈史先生请其审阅并请其作序，史先生欣然答应。在序言中，史先生对李教授所做出的科研成果，均给予肯定评价，展现了我国内燃机界一代宗师关爱第二代科技人士的友情典范。

许斯都教授是史先生的第三位“文革”前的研究生。在改革开放后，他赴西德亚琛工业大学，在毕兴格（F. Pischinger）教授指导下做高级访问学者。学成回国后，负责天津大学内燃机燃烧学国家重点实验室的设计工作。曾任天津大学热物理工程系主任、热能研究所所长，1989 年起兼任国家重点实验室副主任（史绍熙先生为主任）。1990 年升任教授、博士生导师，先后培养了 16 名博士生和硕士生。1994 年任天津大学与玉林柴油机厂联合成立的玉柴产品技术开发部主任，帮助玉林柴油机厂设计柴油机实验室和引进国外先进的测试设备。许教授业务能力强，工作认真负责，群众关系好，为人厚道。许教授对李德桃教授的研究成果十分赞赏，也了解到李教授“四跨”团队的工作条件十分艰苦，他一直建议李教授多带研究生到天津大学国家重点实验室来合作开展工作。

中科院力学所马重芳研究员与我们农机院能源动力所有多年的交往。他是我们同代人中的佼佼者，多次出访并在国际会议、国际期刊上宣读和发表论文。他后来被调往北京工业大学任能源动力系的系主任。北京工业大学是北京市重点大学，马主任考虑该校内燃机学科缺乏一位有名望的学科带头人，就建议校长把李德桃教授调到北京工业大学工作，他认为李教授的工程热物理理论功底深厚，内燃机科研硕果累累，是德高望重的领军人物，后由于种种原因而作罢。

后来，在我与李德桃教授团队接触的过程中，我对李教授那边的情况有了更多的了解。李教授的同事顾子良教授为人正直、办事公道、业务扎实、淡泊名利，是一位党性强的共产党员。他为李教授的“四跨”团队完成国家自然科学基金项目和培养研究生做出了重要贡献。李教授的学生单春贤教授，为人谦和，业务能力强，尤其是试验动手能力十分出色，我与他在多次试验中合作得非常愉快。但很遗憾的是，这位浙大毕业的高才生在报考李教授的博士研究生时，因受到学校个别领导的故意刁难而失去机会。

总之，几十年的科研之路，感受颇多。首先是收获了友谊。尤其是在李德桃教授“四跨”团队精神引导下，各单位、各地区的专家齐心协力、合作攻关、彼此切磋、相互启发，时间一长，友谊之花便朵朵盛开，或如师徒，或如战友，大家互相关心，彼此照顾，就像亲人、情同手足。其次是收获了真知。大家都知道，改革开放前我国科技落后，机器老旧，设备严重短缺，面对如此困难，单枪匹马很难完成紧迫的科研任务，怎么办？我也曾因此而彷徨过，悲叹过。而李教授则不同，他牢记鲁迅先生的话：世上本没有路，走的人多了，也便成了路。他运用智慧，大胆地开创了“四跨”之路，把五个指头攥成拳头，力量自然就大了，在强烈的服务“三农”情怀的支撑下，李老师拿出了敢做“第一个吃螃蟹的人”的魄力，为科技发展、国计民生贡献了自己的力量，最终铸就了自己厚重的品德与学术威望。我有幸与之同行一段，不仅提升了自己的业务水平，更得到了丰厚的人生经验。最后，科研工作难以一蹴而就，有失败才有成功。成功与失败，都是收获。有了这些经历，再搞科研就更有信心和把握。说失败是成功之母，一点儿也不为过。

作者简介

林德嵩（1939—），中国农业机械化科学研究院高级工程师。1958 年考入长春汽车拖拉机学院（次年改为吉林工业大学），1963 年毕业分配到北京中国农业机械化科学研究院，负责发动机的试验鉴定工作。1973 年至 1977 年负责机械部“100 系列直喷式柴油机技术攻关”项目的测试技术工作，并获辽宁省工

业厅的科技进步奖。1973 年至 1991 年负责动力所国外先进测试设备的引进、安装调试、消化吸收，以及功能扩展等工作。1982 年受聘中国内燃机学会测试技术分会委员（任第一至第四届理事会测试年会论文评审专家）。1986 年参加中国农机院主编的《德汉农业机械词汇》词典的编纂工作，负责内燃机及测试仪器部分的编辑工作。发表内燃机燃烧及测试技术相关论文二十多篇，翻译英、德、俄文技术资料四十多万字。

难忘的排灌机械之路

林洪义

我和我的夫人张淑英都是排灌机械专业建立后的第一届本科生，毕业后又都同时留校在本专业教研室从事教学及科研工作，直到退休，也可以算是排灌机械专业发展过程的一个直接见证者与参与者。李老师让我们在本书中也写点东西，回顾一下人生经历。然而我们平庸的一生，实在找不出值得笔抒的经历。无奈李老师一再鼓励，为不违师意，我个人只能不蔽笔拙，记录一下踏入排灌机械行业前后的点滴回忆和体会。

踏入排灌机械行业

1943 年 1 月，我出生于长春市，20 岁之前，就一直生活在那里。父亲是一位钣金工人，新中国成立后，他在长春变压器厂等机械行业厂，先后参加过长春地质宫的暖通管路制作、变压器壳体制作等工作。父亲是一位乐于助人的人，经常为街坊及亲朋好友换换锅底盆底，打打煤炉的烟囱。因此，家里总有一些铁皮的边角剩料和简单的制作工具，这为我制作童年的玩具创造了条件。我用铁皮做了一个有轨电车，底下装上用木头做的车轮，放到平地上向前一推，还跑得挺快，但不能转弯。我不知何故，便趴在有轨电车的铁轨旁，看电车怎么转弯，发现电车的车轮轴不是固定在车厢上，回到家立刻设法也在我的车上装了个能动的车轮轴，小车果然可以转弯了，我高兴极了。尽管那时因妈妈生病，爸爸上班，我要经常在家帮妈妈烧饭，不能常出去和其他小朋友或同学玩，但自制玩具的乐趣，使我没怎么感到当时家里生活的艰难。在学校读书时，因老实听话，学习成绩也不错，还几次受到学校和市里的奖励。为此，回到家我总能感到父母亲因我而生的满足。这种能不让爸妈操心，还能让他们快乐的感觉，使我的少年学生时代，内心基本上处于一种无忧无虑的状态，对将来干什么，我好像没有想过。

1960 年高考前填报高考志愿时，我参加招收空军飞行员体检的最终结果还不知道，但体检没发现有问题的同学只剩下很少的几个人了，我是其中之一，当时有填报的高考志愿可能用不到的心理。此时又正处于 6 月初母亲因病去世的前后，内心的不安与悲痛，使我无心更多地考虑将来想干什么。我当时能经常接触到的人，都没有上过大学，除了对父亲从事的机械行业有点了解之外，对其他行业并无真实了解和产生兴趣。父亲当时已是厂里的车间主任，还是中共党员，在家却寡言少语，又只有小学文化，虽然对我和弟弟都是关心备至，却无力对我提出选择报考志愿的参考意见。于是，据来自父亲职业影响所产生的对铁皮敲敲打打的童趣，我填报的志愿恍惚记得都是机械类专业。当然，“服从分配”肯定是填了的。可能是因为我当时身高只有 1.57 米，体重不足百斤的体型太瘦小吧，飞行员没当成。高考最终录取的是吉林工业大学（现吉林大学）数理系应用物理专业。

1960 年 9 月，我开始了应用物理专业的学习。从入学后的专业介绍得知，吉林工大的应用物理专业，是为适应我国发展航空航天等行业所需特种材料而新设立的，是既能学到尖端的科学理论，又重视工科工程实践的不错专业。

从1961年开始，国家执行国民经济“调整、巩固、充实、提高”的方针，许多高校中以类似“大跃进”方式设立的数理系被调整下马，吉林工大数理系也在其中。我们所在的应用物理专业6525班，变为排灌机械专业。因知该专业既学水泵设计，又学内燃机设计，其发展方向是将二者合为一体，建立一个新的边缘学科，同学们都挺高兴。1962年3月底，经过将少部分与其他专业同学交换后组成的新6525班，开始学习排灌机械专业的相应课程，所在系改为农业机械系。为此，全班同学一起留了影，照片上还写了“献身于排灌机械”几个字。从此开始，我踏入了一生所从事的排灌机械行业。

专业南迁

我们的大学学习生活在吉林工大仅度过了三年。1963年，排灌机械专业由吉林工大调整搬迁到同属农业机械部的镇江农业机械学院。除排灌机械教研室和排灌机械研究室之外，我们在吉工大已开始专业课学习的6525班同学也随同南迁。

8月初南迁时，还没有从长春直达镇江的火车，需要到沈阳换乘从沈阳到上海的车，才能到镇江。虽然大部分教工及随迁人员是分散南下的，以我们学生为主的同行者仍有近四十人。当年7月底到8月上、中旬，列车经过的华北海河等地区，正在发生特大洪水，列车正常运行时间被打乱，时开时停。为保证能尽快出行，老师让我和班长韩学琦同学先行到沈阳，买到镇江的车票。记得我们到沈阳后，住在离车票预售处很近的一个旅店内，每天几次去预售票处排队，看是否有近日恢复开行的火车车票卖。因身上有几千元的购票“巨”款，又怕错过车票发售的时间，买到车票前的几天，始终不敢去其他地方。买到车票后，电话通知学校，大队人马终于在 8 月 1 日登上了开往镇江的火车。

南下的旅途是愉快的。列车穿过东北的南大门——山海关长城，途经华北、华东大地，跨过辽河、海河、黄河、长江等大江大河，仰看巍巍泰山，一路南下 。对于自小一直在东北城市中生活、读书的我来讲，对旅途所见尤为感到新鲜，真正领会到祖国幅员的辽阔，山川的秀美。

8 月 3 日凌晨，我们抵达镇江。下车后，见到镇江狭窄弯曲的道路，闻到空气中弥漫着因炸油条而生的怪怪油烟气味，听着多半听不懂的镇江话，方知我们来到了一个完全陌生的江南城市。在学校驻城办事处休息到天亮后，坐汽车沿着城外的公路，终于到达旅途的终点，见到了尚处于在建中的镇江农机学院。虽然与吉林工大相比，这里校园面积不大，又地处城郊，但仅经过几天对环境的了解，我们便感到，镇江和学校确实都如南迁前到镇江来看过学校情况的老师向我们所说的“麻雀虽小，五脏俱全”，远离城市的喧嚣，安静的环境有利于读书学习。于是，我就很快安下心，准备在这里度过我们剩余两年的大学生活了。但无论如何我都没想到，这里竟是我一生从事排灌机械专业工作和生活的地方。

排灌机械专业的更名

1965 年 7 月，我毕业留校在本专业的排灌机械教研室任教。工作的第一年，被派到镇江地区溧水县（今南京市溧水区）参加“四清”运动。1966 年 5 月回校不久，即开始了“文化大革命”运动。学生停课，教师停教。在经历了一年多的政治学习、大批判等各类政治活动之后，我从 1967 年底起，报名到校附属工厂劳动，当了近三年的锻工。1970 年 10 月，又去了其他教工已建了近一年

镇江农机学院第一届排灌机械专业毕业生同校、系领导及老师的合影(1965年)

的宜兴和桥校办农场劳动。1971年底，按国务院关于大专院校恢复招生的通知，学校准备先恢复农业机械、拖拉机、内燃机、机制（冷）和机制（热）等五个专业工农兵学员的招生。我被抽调回校参加内燃机专业教育革命小分队。1972年春节后，先去参加了一个多月的工农兵学员招生。之后，我被安排参加《内燃机构造》教材的编写，先后到镇江、南京、无锡、上海等地的多家柴油机、汽车发动机厂参加装配劳动或调研。但教材编写还未正式开始，随着和桥校办农场停办移交，仍在农场的教职工全部撤回校内，学校决定着手排灌机械专业恢复全国招生的准备工作，我又被调回排灌机械教研室，进行专业课的教学准备。

当时准备排灌机械专业招生的首要问题，是确定该专业的办学方向。“文革”前，排灌机械专业的建立，除了我国农业发展对排灌机械的现实需要之外，还起源于戴桂蕊教授自1950年即开始的内燃水泵研究。因为当时在许多农村地区，驱动排灌水泵的动力机主要靠内燃机。内燃水泵则是将泵与内燃机合为一体，让燃料燃烧时产生的高压燃气，在结构简单的内燃水泵内直接推动水流动。排灌机械专业建立前，能够连续运转的内燃水泵样机已研制出来，但还不能成为推广应用的产品，性能尚需深入研究提高。因此，戴教授创办的排灌机械专业，不同于在哈尔滨工业大学等高校已有的水力机械专业，不仅学泵，还要学内燃机。他在我们改专业的动员会上讲过，这样安排是为了将来在泵与内燃机之间，建立一个边缘学科，要“结婚生个儿子”。可以说，排灌机械专业的建立，也是戴教授实现这一梦想的寄托。然而，经历了教学科研已经停顿了多年的“文革”，戴教授也于1970年去世了。而且学制也由“文革”前的五年，改为对工农兵学员的三年。原五年制时，因需要学水力机械和内燃机两个专业的主要专业基础课和专业课，学生负担已很重，现减少到三年，原来的安排就难以实现了。那么，恢复招生的排灌机械专业还能按原来的方式办吗？为此，教研室安排部分人员赴省内外的相关高校、政府相应管理机关、科研院所、泵与水轮机厂等单位进行调研。我参加了江苏、湖北、湖南、江西、浙江、上海等省市的调研。之后，又作为我校排灌机械专业的代表，参加了“一机部全国对口专业座谈会”。

“一机部全国对口专业座谈会”是1973年5月25日到6月10日在沈阳召开的。在此之前，已在北京召开了一机部面向全国电工行业所属专业（含水力机械专业）等17个专业的座谈会。此次在沈阳的会议目的，是确定一机部所属尚未解决专业方向的38个专业（含农机类、重型及通用机械类、矿山机械、仪表等四大类）的专业设置问题。

会议学习文件阶段，在传达余秋里、李先念等国家领导人在全国教育工作会议、全国计划工作会议上的讲话等会议精神，以及一机部教育局局长程光和汽车局、农机局等部门领导同志的情况介绍中，多次提到我国农业发展对排灌机械产品的迫切需求和国内外的差距，并强调了当时执行的农业是基础，国家经济发展的优先顺序是农业、轻工业和重工业等大政方针。这些使我意识到排灌机械专业要继续办下去的大局已定。然而在讨论专业如何办的农机和排灌机械专业小组会上，当我介绍了专业的有关情况和调研的情况，并据以提出了我们自己会前所定的取消内燃机，以泵为主，增加农村小水电需要的水轮机，并更名为“农用水力机械”的专业设置方案之后，与会者都发表了各自的意见。针对有人提出的排灌机械可与农机专业合并的建议，我说明了我们的主要专业基础课和专业课的情况及相应的教学学时安排，表述了不赞成合并的意愿。吉林工大农机系主任袁矿苏教授等都认为，合并会使农机专业更庞杂，因专业基础体系的不同，使专业基础课和专业课都无法学深学透。座谈会领导小组成员、吉林工大的王荣初老师也在随后的大农机组（含汽车、拖拉机、内燃机、农机、排灌机械、金属防护等专业）会上，讲到程光局长认为农机专业的面已经很宽了的看法。在继续进行的小组会上，后来任农机部科技司司长的郭栋才尤为赞成排灌机械专业要单独办，且要围绕农业“八字宪法”（土、肥、水、种、密、保、管、工）中的“水”，拓宽专业面，于是两专业合并的建议自然就被否定了。最终，会议通过了在我们提出的专业设置方案基础上，增加喷、滴灌机具的专业方向和更名为“农用水力机械”的方案。于是，1974 年刚恢复招生的该专业名称就是“农用水力机械”了。

按专业名称应与专业内容一致的要求，本专业的“泵”，仅针对农用泵即可。尽管农用泵在水力性能、结构特征、使用等方面，具有一些独特的要求，但设计农用泵与设计工业等其他领域用泵，所需要的机械基础、力学（工程力学、流体力学）基础完全相同，泵作为一种通用机械，除了农用之外，在工业等其他领域中用得更多。只生产农用泵的专业泵厂也不多。故专业名称中的“农用”二字，实际上成了束缚专业发展、影响学生毕业后就业面的累赘。本着专业面要宽、同一专业在不同院校可以有不同的侧重等办学精神，自1977年恢复高考起，本科专业学制改为四年，专业名称又改为“水力机械”，其教学按全国水力机械专业的统一要求安排，科研则以泵为主。

改革开放后，高校专业设置过分细的做法，逐渐得到纠正。特别是高校毕业生终止按计划分配的前后，国家多次调整了高校专业设置。仅1982年到1997年，全国高校专业目录中的专业个数，就由1343个，逐渐整合调整到249个。在此期间，按加强基础、拓宽面向、专业名称规范的要求，我校的“水力机械”专业也先改称“流体机械”专业，后来又变成目前的“能源与动力工程（流体机械及其自动控制）”专业。

在人生园地中耕耘的感悟

从有记忆后的童年开始，脑海中对生活的感受，有过满足，有过失落，有过无奈，有过困惑，甚至有过遗憾，但更多的却是期待。儿时期待长大，做事期望成功，家人期望平安……却从没想过我的远大理想是什么。但幸运的是命运带领我走上科技之路，许多期待也都变成了现实。在走过了人生一大半行程的此时，回顾总结一下在人生园地中耕耘的感触，应该是有益的，同时还使我对写完这篇文字的期待，也能变成现实。

1. 把握机遇，做好当前，努力兑现期待

有人说“生活不能没有理想”。对肩负改造社会重任的革命者或科技伟人，远大理想无疑是事业成功的保障。但对我们这些无力安排自身命运者，做对长远未来的无用空想，莫如把握好碰到的机遇，做好当前该做的事，一步一个脚印地前行，努力让对短期目标实现的期待成为现实。

20 世纪 80 年代初，我同教研室几位同志一起，参加了我校承担的、“南水北调工程”用大型泵所需的 Ns700 轴流泵水力模型的研制设计工作，其叶轮叶片表面形状控制点的坐标，以往都是通过手工测量计算获得。一张水力模型图的控制点很多，研制方案又有几个，要绘几张水力模型图，用老办法算，工作量很大。正巧此时我校有了一台 DJS-130 型计算机，虽然计算机对当时的我来讲，是一个完全陌生的新东西，但经过了解，我觉得自己还是有能力在短时间内学会所需要的相关知识的，便立刻决定尝试用计算机计算叶片坐标。因当时校内仅有这一台计算机，使用者需要排队上机，我每周仅能排到半天的上机时间。我便利用排队等待的时间，突击学习 BASIC 语言、确定用计算机计算坐标的计算过程，以及编写计算程序。最后，总共利用近一个月的时间，完成了几个设计方案的程序纸带穿孔输入、程序调试和上机计算工作。其计算结果不仅被用于样机加工，而且我携事后整理出的文章，参加了“文革”后首次举行的全国泵行业学术讨论会的学术交流，还在专业期刊上发表了两篇学术论文。

自此，我切身感受到计算机在泵行业上的应用将会越来越多，作为专业课教师，应该争取努力跟上科技发展步伐，为之做点什么。此后不久，在安排有选修课的新教学计划时，我便报了已关注了一段时间的有限元法，并编写了校内教材《水力机械内流体流动分析的有限元法》。此选修课从 82 级开始上，那一届上课时教材还没印好，学生课后复习主要靠笔记和几本校图书馆的参考书。结果，课程受到了部分选修同学的重视，有人毕业离校后，还回校索要教材。随后，我又开了“水力机械优化设计”选修课。

显而易见，我利用计算机的一些作为，仅是解决眼前需要，无须对计算机本身精通，是我力所能及的一种追求。实现它，对我对学生都有益，我已经满足了。

靠努力而得到的满足，是每个人都喜欢的感受。在努力中对成功的期待，比有了收获后的喜悦，感觉更美好。做事只管耕耘，不考虑能得到什么，会使美好满足感的存在更可靠。

中学时，认真读书，从未想过的“长春市三好学生”奖落到了我头上；在吉林工大做系学生会秘书长时，认真履职，也没耽误学习，“长春市优秀团干部”奖又落到我头上……世事就是如此，刻意追求到的回报，不会比凭自己努力付出而得到的未曾料到的回报更高。因为真正的回报是你增加的知识和提高的能力。

2. 自信是一种力量

我可以承认，我在某些方面是个缺乏自信的人。我自幼说话有些口吃，精神紧张时更明显。这养成了我不苟言笑、喜欢独处的性格，不愿意参与人多场合的谈笑，更不与人做非必要的争执。尽管这为我赢得了更多时间去做自己喜欢做的事，但也让我不自信地错过了一些与人打交道多的人生机遇。在没有利益杂质的同窗年代，同学好友帮助我增强了自信。班上唯一的党员倪洪山等同学，总是让我在班级政治学习等场合读报纸等文字材料；在那青春萌动的年代，不自信的我怕与女同学来往，因身高的增长使裤子变短了，我整天穿着裤脚接长近半尺、颜色又明显不同的旧长裤，却遇到系内外两位女同学明显向我示爱，同学们还以此拿我开玩笑，尽管那时的我情窦未开，枉费了对方的情意，但这使我原本有些自卑的心理得到安抚，不仅后来成就了我与同班女同学的美满婚姻，而且助我有了足够的力量走上教师讲台。

自信不是自大、自傲。靠自己真实实力的自信，不仅能为个人增力，也能为集体、为国家增力。昔日的排灌机械专业，后来敢于同清华大学等国内名牌高校竞争流体机械国家重点学科并胜出；设立全国唯一的国家水泵及系统工程技术研究中心；招收外国留学生；我多次为之讲课的上海、重庆等地的外资泵厂技术培训班上的法国、日本学员的出现，都显示了自信的力量。

3. 认真与困惑

做人真诚，做事认真，是我所赞赏的，并自然而然地成为我的行事原则。认真不仅让我读书时得到了好的考试成绩，更让我具有了终生受用的独立思考和分析问题的能力。工作中的认真，让我为《兰州理工大学学报》审稿时，阻挡过一稿两投的论文；作为《泵理论与技术》一书的主审，我近乎为之重写个别内容；为使我们的专业教学内容能包含泵的主要类型，我编写出版了《回转式容积泵理论与设计》，并作为副主编，参加编写了含有此内容的全国统编教材《流体机械原理（下册）》，令人欣慰的是，这类认真得到了许多满意的回应。

作者于 1992—2001 年独立出版或参加编写的书籍

然而，我的认真有时可能过了头。在研究生论文的审阅或答辩时，我会毫无顾忌地指出我对论文内容的疑问，甚至给出影响论文通过的评分（我事后才知道论文能否通过的评分标准），以致引起个别学生明显的不高兴。我知道，我的学识不能保证我对论文内容的所有看法肯定都是正确的，但我提出的问题肯定是我认真思考的结果。我不是要标新立异，更不是有意为难学生，而是在必须表明我的看法时，我的惯性思维让我只能讲我的真实想法。因为我读书时也有过对考核提问回答含糊不清的经历，经事后再学习，对该考核问题的理解就尤为深刻了。我以为学生“都”会有这种体会，不会反感老师的提问，实践证明，这个“都”字我用错了。难怪读书时，同学经常说我是“死人脑瓜骨”，当时我觉得这是同学们在取笑我“一根筋”的固执。

我不希望再出现这类不快。故2006年退休后，我推掉了去《排灌机械学报》编辑部、到研究生院做督导员等“挑错”工作。我不知自己不合时宜的认真是对还是错，我真的感到困惑。

恩师与同仁

教师是一个令人尊敬的职业。作为从事教师工作的个人，都深知学生尊重的是德才兼备、能称职地完成传授知识工作的老师。我可谓一生都身在学校，身边始终有老师相伴。读书时授业解惑的任课老师给了我受用一生的科学知识，工作生活中的许多共事、相识、相遇者的人格魅力，精益求精的学者风度，甚至片言之赐，也皆成为我内心的良师益友。回顾人生之路，常有恩师难忘的心绪。

在吉林工大数理系期间，陈嘉俊老师给我们上“普通物理学”课，陈正德老师则给我们上“高等数学”课，选用的教材与当时南京大学等国内综合大学物理专业上这些课时使用的教材完全相同。两位老师上课时认真负责的教学态度，给我留下了深刻印象。这些课程的学习，为我们改学排灌机械专业后学习流体力学等专业基础课，和以后的教学科研需要，打下了较扎实的数理基础。

李德桃老师在本书中提到的戴桂蕊和杨克刚老师，都是排灌机械专业开办时的教授。其中的杨克刚老师与我们接触得更多一些。因为我们的专业课“水泵理论与设计”是杨老师主讲的，所用教材也是杨老师编写的。给人印象最深的，是杨老师超人的记忆力。上百个学时的课，杨老师始终不看讲稿进行讲授，很长的大公式，他也全靠记忆进行板书书写。

戴桂蕊教授既是我国内燃机专业的名师和行业的著名专家，又是排灌机械专业的奠基者和创建人。虽然我们一生的职业经历因戴教授创建了排灌机械专业而确定，但与他直接接触却不多。在吉林工大期间，我们仅在由数理系应用物理专业转为排灌机械专业的动员会上，听戴教授做了一次有关排灌机械专业情况的介绍。1963 年专业搬迁到镇江后，戴教授担任镇江农机学院副院长，兼任动力系主任和排灌机械研究室（为不属动力系管理的专职科研机构）主任，他与我们还在读书的学生，以及刚参加工作不久的年轻教师的接触都不多。尽管如此，回顾专业发展历史，我们都清楚，由排灌机械专业和相关科研机构发展而成的江苏大学流体机械学科能有今天，早已离开我们的戴教授绝对是功不可没的。因为排灌机械专业是从戴教授主持的内燃水泵研究工作起步的。专业从建立到以后的发展全过程中，科研和教学这两个方面始终都被摆在同样重要的位置，科研还有独立的专职机构，其专职科研技术人员人数比专职教学人员人数还多，因此，在我国目前以注重科研成果和论著、论文的学科评价体制中，所在地不具备区位优势的江苏大学流体机械学科，在博士点、国家重点学科、国家水泵及系统工程技术研究中心等的评审中胜出，就不足为奇了。

再者，从戴桂蕊教授主持搭建排灌机械专业科研和教学两套人员班子起，到学科后续发展过程中，始终注重管理、科研和教学等方面人才的吸纳。这也是该专业搬迁到镇江以后，始终是学校中发展较快的一个学科的另一个原因。正因如此，国内来自哈尔滨工业大学、甘肃工业大学（今兰州理工大学）等原水力机械专业主要设置点及国外归来的名师强将，才会陆续集聚到江苏大学，进一步充实了该学科的实力。由此可知，戴教授还是一位有远见、有抱负的科技专家。他去世前不久，正在和桥校办农场中，经受着“文革”中“特有的”不公正待遇，他的住处与张淑英等女同志的农家宿舍只有一墙之隔，夜里不少女同志都听到隔墙传来的戴教授的鼾声。此时，他还能如此心安地入睡，可见戴教授是个心胸坦荡的人。排灌机械专业的创办和专业变化，是与学科和国家生产实践的进步与发展需要相适应的。可以讲，戴教授的过早离世，不仅是我校学科发展的大不幸，也是国家的不幸。

李德桃老师是我国内燃机行业的知名专家、教授。排灌机械研究室成立初期，李老师是被戴桂蕊教授选中的科研助手。我们在校读书时，李老师是我们的专业课“内燃机原理”的主讲老师。李老师当时在课堂上深入浅出地讲解的情形，以及漂亮的板书字体，至今历历在目。尽管“文革”后因排灌机械专业中的内燃机被剥离出去，李老师也从排灌机械教研室调入内燃机教研室，但李老师踏实严谨的治学态度，刻苦忘我的工作精神，待人诚恳友善的高贵品格，始终令我钦佩，铭感不忘。我刚结婚成家后的住处与李老师家是邻居，那段时间，李老师正在常州柴油机厂搞新型柴油机的攻关，尽管常州离镇江不远，却难得见到他回镇江家里；李老师在罗马尼亚期间，托人不远万里地给我带来在国外搜集到的 KSB 等公司泵产品样本，这些资料在后来我参加编写全国高校水力机械专业统编教材《水轮机及叶片泵结构》时，成为主要的参考资料之一；张淑英身体不好，李老师经常关心呵护；得知我有手抖的疾患，李老师为我联系也有此症状者，向我介绍治疗方法；还找朋友帮忙让我女儿进入好学校接受教育……可见李老师关爱晚辈的师生情义。

从1962年转入排灌机械专业学习至今，五十多年已成为过去，我一生的职业生涯，从未离开排灌机械。在此无法都提到的读书时的诸多恩师，工作中的良师益友，皆是助我前行的力量源泉。吃水不忘挖井人，愿前辈功劳世人永记，好人一生平安。

作者简介

林洪义（1943—），江苏大学教授。1965年毕业于镇江农机学院（现江苏大学），并留校任教，1991年至2006年任水力机械教研室主任，2006年退休。任职期间，曾出版《回转式容积泵理论与设计》《水轮机及叶片泵结构》《流体机械原理（下册）》等专著或全国统编教材，并编写了《水力机械内流体流动分析的有限元法》等几本校内教材；发表专业技术论文近30篇；获部、厅级科技或教学成果奖5项；取得实用新型专利1项。

科教路上的师生情

龚金科

1994 年，我考取李德桃先生的博士研究生，1997 年毕业并获工学博士学位。两年后在湖南大学晋升为教授，2002 年评定为博士生导师，2009 年评定为二级教授，同年获评“湖南省教学名师”。几十年来我在教学、科研等方面做了不少工作，取得了一些成绩，与导师李德桃先生的指导和培养，以及同门兄弟姐妹的帮助分不开。现仅摘取其中点滴，写出来与大家分享，同时表达我对先生的感恩之情。

1982 年，湖南大学获得“动力机械及工程”二级学科硕士学位点，后来发展为“动力工程及工程热物理”一级学科硕士学位点，一直招收硕士研究生。1993 年，我校车辆工程学科博士学位点动力机械新技术方向开始招收博士研究生，李德桃先生是该方向的第一位导师。先生是我国著名内燃机专家，湖南茶陵人，一直在江苏大学工作。出于浓浓乡情，更是为了支持湖南大学的发展，他在继续承担江苏大学繁重工作的同时，欣然接受湖南大学之聘请，帮助车辆工程学科博士点指导博士研究生。从 1993 年开始，先生在湖南大学陆续招收和指导了多位博士研究生，包括黄跃欣、朱亚娜、黎苏、吴健、袁文华，还有我。先生对我们这些学生进行了全方位的指导和培养，令人印象深刻。

先生在指导学生的过程中，特别注重培养其团队合作精神，让学生在实践里、在合作中获取知识，提升能力，增长才干。他曾带领学生并和同事们一道，在湖南省农机研究所、湖南省华裕发动机制造有限公司、湖南邵阳汽车发动机厂和湖南省动力机厂等单位建立科研基地，开展技术合作，解决实际问题，研究富有成效。比如，由台湾企业参与投资的位于长沙的湖南省华裕发动机制造有限公司，其产品主要是483Q型柴油机，这是当时我国生产的转速最高（4000转/分）的一款柴油发动机。该发动机虽然采用了电热塞，但起动性能仍较差。为解决这一问题，先生根据该公司请求，于1996至1997年带领我们这些博士研究生，亲自到该公司进行该机冷起动性能改进的技术分析和试验研究。经过几个月卓有成效的工作，终于使该机冷起动最低温度降低了约15℃，其冷起动性能大幅提升，问题得到了解决。又比如，湖南邵阳汽车发动机厂生产的主打产品480Q、485Q型柴油机，也曾有用户反映起动困难，为此该厂于1993年10月特邀先生进行技术攻关。先生接受了邀请，利用国家自然科学基金课题“涡流室式柴油机冷起动机理的研究”的成果，为其成功解决了面临的难题，从而使2万多台滞销产品经过改进后走向市场，产生了较好的经济效益和社会效益。通过这些技术攻关，既使企业受益，也使我们得到了锻炼，提升了科研能力。

多年来，先生本着高度的社会责任感，以严谨的科学态度，大胆创新，实干苦干，不仅在科学研究方面成绩斐然，而且在培养学生方面成绩突出。他让学生参与其主持的国家自然科学基金“涡流室式柴油机燃烧相关火焰微元模型和新型燃烧室研究”和“涡流室式柴油机非稳态燃烧过程的物理—数学模型的研究”等国家级、部省级和横向科研项目，其获奖项目“柴油机冷起动的基础研究”等也均有他的学生参与。他还倡导形成了“四跨”和“四代”科研团队，成员分布在校内外、省内外和国内外，既分工又合作，相处融洽，工作开展得有声有色。

在先生的指导下，在中国汽车技术研究中心副主任吴志新教授级高工、河北工业大学黎苏教授、一汽集团无锡油泵油嘴研究所副所长胡林峰教授级高工、江苏大学教务处处长王谦教授、能源与动力工程学院副院长潘剑锋教授、何志霞教授、新加坡国立大学杨文明教授和河南科技大学车辆与交通学院副院长吴健教授等同门兄弟姐妹的帮助下，我的科研能力和水平得到迅速提升，取得了一些成果。我曾参与先生主持的国家自然科学基金项目和企业合作项目，自己主持完成了国家自然科学基金项目“柴油机微粒捕集器多孔介质过滤体失效辨析及抗失效机理研究”和“柴油机微粒捕集多孔介质的微波及铈—锰添加剂复合再生机理研究”、国家863项目“新一代环保高效柴油机的研发”、中瑞国际合作项目“汽车发动机排放控制复合新技术研究”等，总共主持完成的国家、部省级以及企业技术开发项目有50多项。我所参与的由先生主持的科技成果“柴油机冷起动的基础研究”获得了机械工业

作者在进行柴油机试验研究（1998年）

部科技进步奖。我自己主持完成的“车用三效催化转化器关键技术及应用”等科技成果获得了湖南省科技进步二等奖和三等奖。我还获得了“一种柴油机微粒捕集器微波再生系统控制策略及其装置”等发明专利 10 项。在国内外发表学术论文 200 余篇，其中被 SCI 或 EI 收录 150 多篇。

先生不仅带领我们深入实际，走入社会，而且鼓励我们走出国门，到国外深造。在这方面我深有体会。1985 年 6 月，我在先生的鼓励下，顺利通过了全国选拔出国人员英语考试（EPT），获得了前往英语国家访学的资格。由于当年英语出国考试通过人数远多于分配给湖南大学的出国指标，而德语、法语等小语种出国考试通过人数远少于小语种出国指标，于是学校决定将部分英语出国考试通过人员改派小语种国家，我就是其中之一。为了帮助我们这些改派人员顺利出国，学校从 1985 年 9 月至 1986 年 6 月专门举办了德语培训班，学员一共 15 人。培训班教学工作由当时学校仅有的三位德语教师承担，其中周正安老师教阅读，毕一信老师教语法，谢如静老师教口语。经过几个月的紧张培训，学员们于 1986 年 6 月一次性全部通过了德语出国考试，我也由此获得了赴西德访学的指标。接下来，在教育部同济大学留德预备部继续接受了将近半年的德语强化培训后，我于 1988 年 10 月以国家公派访问学者的身份前往西德，进入不伦瑞克工业大学（TU Braunschweig）内燃机研究所。我在这里一共待了两年，进修了 6 门课程，主要开展了汽油机点火新技术研究，并取得了可喜成果。其间我应西德发动机燃油润滑油测试与研究集团（KST-Motorenversuch GmbH & Co.）总裁 Rainer W. Wolf 先生的邀请，与该公司进行了合作研究，并与 Bernhard Scholz 先生等同事结下了友谊。值得一提的是，在访学期间，我还亲身经历了东德和西德的统一。

2000至2001年，我应瑞士联邦工业大学能源技术研究所（Institut fuer Energietechnik，Eidgenoessische Technische Hochschule Zuerich）Meinrad Eberle教授和Konstantinos Boulouchos教授的邀请，以国家公派高级访问学者的身份，与该所进行了能源新技术的合作研究，并与在该所攻读博士学位的Andrea Bertola同在一间大办公室，经常探讨技术问题。在此期间，我再次应德国发动机燃油润滑油测试与研究集团总裁Rainer W. Wolf先生之邀访问了该集团，目睹了集团的快速发展。

2012年，我应瑞士奇石乐集团（Kistler Instrumente AG）亚洲总裁Peter Wolfer先生的邀请，以国家公派高级研究学者的身份，与该集团进行了发动机测试新技术的合作研究。其间我得到

作者及夫人与德国KST集团总裁Wolf先生及其助理在一起（2001年）

了该集团发动机测试主管 Andrea Bertola 博士工作上的支持和生活上的帮助，这是我与他在瑞士联邦工业大学分别 11 年之后的又一次友好相处。此外我还结识了其他一些朋友。在此期间，我又一次应德国发动机燃油润滑油测试与研究集团总裁 Rainer W. Wolf 先生的邀请前往该集团进行访问，并与 Wolf 先生及其夫人和两个儿子（Herr Gunther Erich W. Wolf und Andreas W. Wolf）一起相处了 5 天，还在 Wolf 先生的陪同下重游了德国城市柏林和曼海姆以及法国巴黎，结下了自 1989 年以来随时间推移愈来愈深的友好情谊。此外我还与相识 20 多年的 Bernhard Scholz 先生及其女友一起进行了聚会。

我的几次出国，都离不开先生的鼓励。出国让我开阔了眼界，增长了见识，提升了自己的科研能力和水平。

先生重视学生的课程教学和教材建设。在先生的关怀下，我先后为本科生开设了“内燃机构造”“内燃机设计”“工程热力学”“内燃机原理”“内燃机学”“能源科学导论”“汽车学”“发动机排放污染及控制”和“热动力设备排放污染及控制”等课程；为硕士研究生和博士研究生开设了“高等内燃机原理”“先进排放控制技术及其应用”和“先进排放控制技术”等课程。主编了普通高等教育“十一五”国家规划教材《汽车排放及控制技术》（人民交通出版社，2007 年 9 月第 1 版，2012 年 1 月第 2 版，2018 年 8 月第 3 版）和《热动力设备排放污染及控制》（中国电力出版社，2007 年 7 月第 1 版）；另外，我出版的《汽车排放污染及控制》（人民交通出版社，2005 年 4 月第 1 版）、《内燃机性能提高技术》（人民交通出版社，2000 年 3 月第 1 版）和《柴油机微粒捕集器喷油助燃再生过程热工模型及其控制》（中国水利水电出版社，2017 年）等著作，成为学生必备的专业参考书。2008 年，我主持了国家精品课程“发动机排放污染及控制”的建设工作；在此基础上，又于2012年负责了国家级精品资源共享课“发动机排放污染及控制”的建设工作，得到了相关部门的高度认可。1996至2012年，我先后被聘为机电部机电类专业教学指导委员会委员、教育部热能与动力工程专业教学指导委员会委员和中国机械工业教育协会动力机械工程教学指导委员会副主任。2007至2011年，还被聘为人民交通出版社普通高等教育车辆工程专业教材编委会委员。2012年至今，我一直担任全国汽车标准化技术委员会火花塞分委会副主任和人民交通出版社普通高等教育车辆工程专业规划教材编委会主任。另外，我的教学成果《内燃机原理课程新体系研究与实践》（教材）获湖南省教学成果一等奖（2003年），《内燃机原理课程新体系研究与实践》获国家教学成果二等奖（2005年），《凸显节能减排特色，培育热能与动力工程高质量创新人才》获湖南省教学成果二等奖（2010年），2009年还被评为“湖南省教学名师”。我的这些成绩和荣誉，有先生的一份功劳。

我已在湖南大学辛勤耕耘四十余载，一共培养了博士研究生和硕士研究生100余人，教过的本科生2000多人。如今我已年过花甲。尽管如此，在先生面前，我仍然是一名学生。

南宋理学家朱熹写有一首七言绝句：“半亩方塘一鉴开，天光云影共徘徊。问渠那得清如许？为有源头活水来。”朱熹曾在古代四大书院之一的岳麓书院与张栻举行过著名的“朱张会讲”，而岳麓书院正是今天湖南大学的前身。朱熹的这首七绝诗题为《观书有感》，它暗示人们：要使心灵澄明，就得认真读书，保证有知识的源头活水不断注入。今天，人们的知识远远超过古代，视野也更加开阔，但仍离不开“源头活水”的浇灌。作为肩负教育强国、科技强国重任的高校教师和科研工作者，我们要用自己的努力不断激活和扩充知识的“源头活水”；

而作为学生和晚辈，则要永远珍惜和感恩学术前辈们赐予的知识的、思想的“源头活水”。

作者简介

龚金科（1954— ），湖南大学二级教授，博士生导师。1997年获湖南大学工学博士学位，曾留学德国和瑞士，2009年被评为湖南省教学名师。曾任湖南大学热能与动力工程系主任、湖南省机动车排放研究与检测中心主任，中国内燃机学会理事、教育部热能与动力工程专业教学指导委员会委员和湖南省内燃机学会理事长。获国家教学成果奖、湖南省教学成果奖和部省科技进步奖共10项，擅长新能源与节能减排技术。

大学与研究生

——职业生涯的起始点

彭立新

走进湖大，成为内燃机 77 班的一员，从此与 41 位同学结下不解良缘

春天是一年的开始，她结束了冬天的寒冷，为新开始的一年孕育万物生机。作为“77 大学生”，我和这一届其他的特殊“幸运者”一样，是 1978 年走进湖南大学的。这个春天开始孕育我对内燃机这一门学科长达四十年的痴情，成了启动我职业生涯的起点。

湖大内燃机班 77 级由 41 名同学组成，33 名男生，8 名女生，进学校时平均年龄 21 岁，最大的 30 岁，最小的刚满 15 岁，全都来自湖南省境内。除极少数应届毕业生以外，多数同学都来自农村（下乡或回乡）或工厂（我就是在工厂工作了两年以后进入湖大的）。作为“文革”后的第一届大学生，每一个同学都带着特殊的压力或动力走进校门。不少同学被带上“全乡 / 县第一个大学生”或“家族第一个大学生”等光环和由此而派生的巨大的社会压力；绝大多数同学都是在不以知识为荣的环境里完成了中小学学习，又在社会上停滞了若干年后才得到这种极为难得的学习机会，由此产生的由内而外的动力就可想而知。无论是压力还是动力，表现出来的都是如饥似渴的学习热情和“拼命三郎”的

行为风范。

我们班男生被分配在湖南大学第一学生宿舍的三间大寝室之中，我和另外10名同学在一间30平方米左右的寝室内朝夕相处了整整4年。长沙是中国有名的“火炉”城市，夏日可以热到38~40℃，连个电风扇都没有的寝室内加上11个火炉般的年轻小伙，可以想象当时室内的热度！尽管如此，我们每一个人都试图把每一分钟融入学习之中。记得每天晚上11点熄灯，我们都是学习到熄灯前的最后一分钟，然后再开始安排洗漱和其他活动。寝室内的伙伴们也是从这一刻才开始进入正常的生活节奏，透过黑暗的时空谈笑人生，憧憬未来；年轻人特有的生活小插曲，针对某君的恶作剧，超越时空和经典逻辑的口水战，等等，也都是从这个时候开始上演的。

刘敬平同学来自湖南新化，入学时才15岁，是我们班年龄最小的同学。我和刘敬平有特殊的缘分：我们大学时住在同一寝室，研究生师从同一教授，毕业后在同一教研室工作，被分配在同一栋楼里居住，然后前后出国，又都汇聚在底特律在同一家公司共事，再又先后回国，我们也是班上坚持在内燃机领域不改初衷的极少数的几个同学之一。刘敬平同学也可能是我们班同学中结婚时年龄最小的，而且还没毕业就传出了他和当时的女朋友小袁（现在的夫人）的不少佳话。刘敬平为了练习英语听力，专门买了一台当时特别时髦的外形像砖头一样的录音机，每天熄灯后在床上听一会儿英语口语教学的录音再睡觉，大家都习惯了这种安排。但是有一段时间发现他有些变化，白天情绪似乎特别好，还没有熄灯早早就上床开始津津有味地听录音，因而引起了其他同学的好奇。有好事者进行了调查，发现了端倪，在一次班会上录音机突然被打开，从里面传出的是他女朋友清晰嘹亮并带新化口音的诗朗诵：君住长江头，我住长江尾，日日思君不见君，共饮长江水。

老同学 40 年后相聚北京（2018 年）

有幸遇到湖大最优秀的教师教书育人，葛贤康教授成为我的人生导师

葛贤康老师是湖大内燃机教研室主任，当时资历最老的讲师和后来第一批进入教授行列的先生；他是中国分隔式柴油机燃烧理论和实践的前辈，在中国内燃机行业享有盛名。葛老师也是我的恩师，在我整个本科阶段和研究生学习期间，以及以后的工作与生活的每一个关键时刻，他都给予了我极为宝贵的帮助和指导。前几年由我们几个（他的）研究生主持，在上海为他做了 80 大寿，邀请了包括钟志华校长在内的中国汽车和内燃机界的嘉宾到场祝贺，当时他还神采奕奕，侃侃而谈，但不到几个月就传来了他仙逝的消息，我很怀念他。

我们的第一次专业课教学就是葛老师在我们入学后的第一个星期内上的，课程的题目是《热爱专业教育》。之所以要谈“热爱专业”是因为那时已经将内燃机定义为“夕阳工业”，老师们希望我们这些刚入师门的同学们能够静下心来好好学习，因为它还有足够的生命力，我们一定会有前途。那天葛老师讲课的具体内容我已经记不清了，但这一课对我的影响却是巨大的，因为从那一天开始我就走上了内燃机这条“不归路”，一走就是40年。记得葛老师当时拿了一块小黑板，他事先已经密密麻麻地将这块大约半米宽、一米高的小黑板填满了我们在以后4年内要学习的30门功课的全部名目。听他讲课很享受，他的讲话抑扬顿挫，你可以“听出”文字之间的标点符号；我现在闭上眼睛还能重温他这一课的场景，他的衣服、头发、动作、板书和语调都有着同样鲜明的特点：一丝不苟，完全的一丝不苟。

据说因为我们是“文革”后的第一届大学生，等待了近十年上讲台机会的老师们都争先恐后地要为我们讲课。不知这种原因是否完全属实，但我们当时的确有幸遇到了最好的老师给我们讲课。记得数学老师叫邹节铣，讲课化繁为简，妙趣横生，听他的课完完全全是一种享受。材料力学李一夫老师给我们讲了一个学期的课，从来没有带过一张纸片，全部是从他的脑内直接“灌入”我们的脑内。他布置作业时更为潇洒：你们翻到第35页，从第3道题做到第6道题；注意，第5道题第2行的第8个字有打印错误。在说这些时，他手上有的只是半只刚刚用过的白粉笔头。

英语老师比较有挑战性，因为他们多半是学俄语出身的。当遇到我们提出一些钻牛角尖的古怪语法问题时，他们会无可奈何地说：“你们看看哪样好些。”

葛贤康老师对我的帮助最多，他不光是带我走向内燃机学术顶峰的启蒙教授，更是指导我走向学者之道的人生导师。我们之间有一个“订书针”和“人生磨砺”的故事，葛老师教书育人的作为由此可见一斑。故事从我选修他给我们在第四个学年讲的“专业英语”课程开始。上课的教材带有许多英翻中和中翻英的练习题，并在书本的末尾附有相应的习题答案（被翻译好的文字），我在做作业时经常忍不住要去翻翻这些文字，以至于我不得不用订书机将这些附页全部封订起来。葛老师在偶尔见到此课本时立即表现出来少有的不高兴，他认为这是我缺乏自我控制力的表现，并由此给我上了一节一个人如何才能在学术上最后成功的人生课程，记不得他当时所讲的具体内容了，但当时他的那股认真并略有失望的神情至今还历历在目，他关于“订书针”表现出来的是我对自我控制缺乏信心并将严重影响我的成长的论点一直陪伴着我，成为在我后来的人生中长鸣的警钟，让我受益终身。

大学毕业前一次毫无思想准备的失败，研究生考试落选

我非常珍惜这四年来之不易的学习机会，因此学习异常勤奋，加上每次考试时状态极佳，每每平时不一定做得出的题目在考场上都可以完美呈现，由此我的考试成绩一直不错。上数学课，除正常布置的作业外，厚厚的一本怪题林立的樊映川《高等数学习题集》被我几乎统统做了一遍（当时的说法是“做数学题就是做思维的体操”），第一个学期的数学考试我没有丢过一分：满分是100分的考试我得100分，满分120分的考试我得120分。据此我还被选送到“基础课部师资班”去改学数理，成为湖大教师的后备军；但终归享受不了基础课里那种抽象思维的煎熬，只待了一个星期的我便以家庭反对为由（完全是捏造的理由！）又回到内燃机班继续学习工程。当时和我一同去师资班的还有冯景洪同学，他后来成为湖大的数学教授。

因为学习成绩好，得到过学校和机械系的各种表彰，包括赢得学校“十大学习标兵”称号，等等。当我在快要毕业决定考研究生时，我自己，我的同学们，我的老师们都一致认为我考上研究生应该是板上钉钉十拿九稳的事。甚至有的同学在决定报考研究生之前先来问我的报考计划，不愿因和我争同一个名额而作“无谓牺牲”。我信心满满地报考了清华大学的研究生。不料我失败了，丧失了直接上研究生的机会，这种失败对我来说毫无思想准备，也是在我的人生中的一次最大的打击，现实与期待的极大的反差让我在很长一段时间里觉得抬不起头来。我的数学、英语等课程都考得不错，总分据说是考生中名列前茅的。遗憾的是内燃机专业课只得了 47 分，与当时清华大学各科最低不能低于 50 分的要求有 3 分之差。回忆起来，由于我们用的专业课教材和清华不一样，加上我的孤陋寡闻，几道 20 分的题目有些连名词我都看不懂，失败就成为大概率事件了。

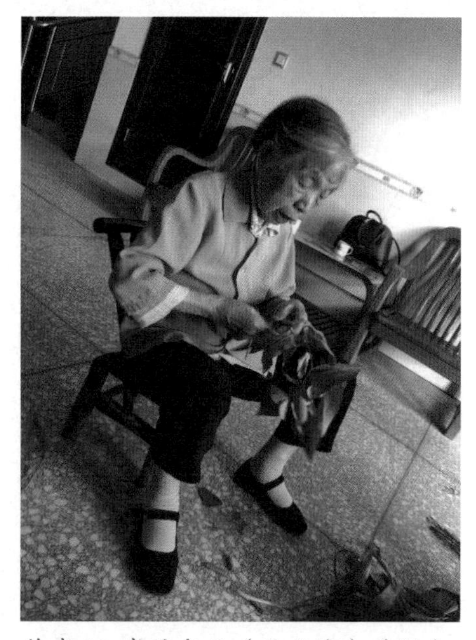

作者 93 岁的老母（已仙逝）为远归游子择菜备餐，感哉！“谁言寸草心，报得三春晖。”

和我一起报考清华大学研究生的还有姚小刚同学，他是我们班的学习委员，成绩优异，为人谦逊，得以顺利考取，成为中国内燃机界的大牌教授程宏老师的学生。湖大毕业时我得到了当时分配单位中唯一的一个研究院名额，得以进入离清华东门仅一里之遥的北京石油化工研究院工作，在小刚同学的帮助下，我经常潜入清华旁听程宏教授和其他老师的内燃机理论课程，受益匪浅；特别是他们的研究工作的思维方式对我启发很大，为我以后的内燃机技术探讨打下了好的基础。

再考研究生又遇挑战，感恩贵人相助

研究生考试失败后进入北京石油化工研究院工作，让我在本科和研究生学习之间有了一次难得的实际工作的机会，现在想起来也算得上是人生道路上的一次“塞翁失马”。在这两年左右的工作时间里，我经历了发动机台架建设（包括土建工程和台架控制系统），非标部件的机械设计，发动机台架试验，机油高温性能检测和评估，以及如何与国际巨头们（如卡特彼勒公司）打交道，等等，这些难得的实际经验在我后来的工作中无一没有被派上用场。

要再考研究生必须要过的第一关是单位批准报考。北京石油化工研究院是北京较大的研究单位之一，有好几个工程院士，院长姓车，是一位非常有资历（据传是《红岩》一书中描述的区工委书记的女儿），而且说一不二的领导。她坚持新来的大学生一定要工作两年后才可以报考研究生，这一下就把我们报考 1984 年研究生的计划推翻了（1983 年报考时不到两年，虽然说 1984 年上学时已经超过两年了）。1982 年，分到研究院工作的有一百多名新大学生，计划报考研究生的有二十余名。我们都不愿放弃机会，于是决定到教育部力争。我们利用地利上的优势和不达目的绝不罢休的精神不间断地到教育部找领导申诉，直至找到当时的彭珮云部长，要求将工作两年的要求（定义）说清楚：两年是以报考时为界还是以上学时为期？经过几番争取，终于在最后一刻由《人民日报》发文，专门澄清，两年时间是以离开工作岗位（去读书）的时间为准。由此我们得到了走向研究生之路的正式“通行证”。

第二关是研究生入学考试。我决定报考葛贤康教授的研究生，对考试本来不存在任何担心，但没想到的是，考试过程还是出了状况。考试地点离研究院非常远，骑自行车需要一个半小时；晚上本来就睡不踏实，一大早（5点前）又得起床，早餐以简单冷食对付，再经过一个半小时与各种交通状况的拼力奋斗到达考试地点后，已经是筋疲力尽了。上午消耗完所剩无几的卡路里完成数学考试后，中午的干粮加硬板凳的“加油”方式根本就没法为下午的考试准备身体能量。下午考热力学，从一开始走进考场就觉得人虚体乏，注意力无法集中，不到半小时便感觉身体被逼到了极限，全身冷汗淋漓，开始出现轻度晕厥症状，显然无法继续正常地考试。好在监考老师及时送来温水和毛巾并在和领导商量后允许我离开考场稍事歇息；感谢当时超强的自我控制能力（不能撤退！）和坚实的热力学根底，稍加休息以后还是勉强完成了考试。

正在为第二天的考试犯难的时候，和我一道来参加考试的研究院的同事黄谦向我提出当晚去他们家休息的邀请，考虑到他们家离考试地点只有不到半小时的自行车路程，我以十分感激的心情接受了邀请。后来才知道这是我在人生的关键时刻又一次遇上了贵人，让我逢凶化吉，遇难呈祥。他们家父母也从此成为我后来每到北京都必拜的长辈，黄谦的哥哥黄华和他的太太都是我们内燃机的同行，我们后来同在底特律生活，两家成为特殊的朋友，相互帮衬，不分你我，这是后话。

将思绪再带回到走进黄谦一家的那一天。他父母都是高级知识分子，是中国有名的种植专家，父亲是中国棉花之父，名冠农业种植领域。他们的住房非常宽大，但家具十分简单，有的都是各种花卉植物，绿茵茵的，从里到外，从上到下，让人目不暇接。父亲总是单独旁坐，不苟言笑，那天他好像就没有说过什么话；

母亲个子不高，非常好客，总是喜笑颜开。对于我的到来她显得十分高兴，好像我早就是他们家的常客一样，让我没有了开始的紧张和不知所措。在他们家我第一次吃上了以前只在电影里见过的抹黄油再吃的西式面包，也和黄谦一样，享受到了当天睡觉前和第二天出发前的蜂王浆。这些待遇对我当时的身体来说无异于打了鸡血，顿时精神倍增，第二天的考试变得易如反掌。

开启内燃机技术攻坚的历程，
与李德桃老师的邂逅成为人生的一段佳话

经过几番波折的我终于在 1984 年 7 月再次走近岳麓山，走进湖南大学，拜在仰慕已久的葛贤康老师门下，成为他的第三名，也是最后一名研究生。由于种种原因，葛老师只带了三名研究生，作为很早就获得教育部研究生授予权的老教授来说这是不多见的，但葛老师并不遗憾，他会对你说“我只带最优秀的学生”。他津津乐道并引为骄傲的这三名“最优秀的学生”除我以外，一位是在中国内燃机正向开发领域做出了重要贡献的知名教授刘敬平，另一位是曾任广汽集团副总裁的蒋平。

研究生阶段除了学习一些规定的研究生课程以外，主要还是课题研究。我自然是挑选了葛老师分隔式柴油机的研究方向，研究深层次的分隔式燃烧室的燃烧机理，并为改善发动机热效率寻找可靠途径。如今看来，当初选择这个研究方向，也注定了要和千里之外的镇江农机学院的我国内燃机领域著名专家李德桃教授产生联系。

分隔式柴油机是相对于直喷柴油机而言的，在中国 20 世纪七八十年代的设计与制造水平条件下，它具有制造成本低，对燃油系统要求低，高速性能好，燃烧噪音小，不易冒黑烟的显著特

点，是当时中国柴油机工业普遍采用的柴油机动力。这种柴油机的最大问题是由于通过两燃烧室间的流动损耗而导致燃油消耗大。因而当时在这一领域内的研究课题都集中在如何优化这种流动从而降低整机的燃油消耗上。正是在这种情况下，我在前两位师兄课题的基础上选择了建立分隔式燃烧室和主燃室之间流动过程的模拟计算和分析作为研究课题。

当时的研究条件非常简陋，以现在的眼光看，当时从计算机到发动机实验台架都不具备支持这种研究的起码条件。以实验条件为例，我们仅有的两个气缸压力传感器对温度和湿度条件十分敏感，每一个试验点都需要重复十几甚至几十次才能得到一个可以信赖的数值；我们要利用在上海的一台高频数字采集系统做数据分析，办法是先将传感器输出的数据用一台数据记录仪录好后再坐 20 小时的火车去上海看并分析数据。我们就是用这种不可思

作者作为特邀嘉宾参加“2010 绿色动力国际交流论坛”，特邀嘉宾中还有原机械工业部何光远部长（2010 年）

作者在中国SAE年会上以“应对未来法规挑战”为主题发表演讲(2019年)

议的最为原始的办法，花了6个月的时间，在4~5个人不分白天黑夜的辛勤劳动下完成了第一组气缸压力示功图的测试！做实验时有一个流动压差的测量工作用以进行流量计算，我不相信当时实验室所有的压力传感器的精度，只好跑到化工实验室利用我当年在热水瓶厂当工人的经验自己做了一根4米多长的巨型玻璃U形管，记得最大的困难是如何将这个晃一晃就会碎的“庞然大物”从化学实验室搬到发动机实验室去。

即便条件如此有限，我还是对课题充满激情，同时新的问题、新的研究成果也不断出现，需要学习的真是太多了。我就是在这种状况下结识了镇江农机学院（今江苏大学）的李德桃教授。如果中国内燃机界的开山鼻祖们算第一代，那么李老师应该是中国内燃机界的第二代宗师的代表之一。他当时从罗马尼亚获得博士学位回国，在国内首次使用高速照相技术研究分隔式柴油机技术，这与我们那套“原始”的研究手段已是天壤之别，这引发了我极大的兴趣。

1985 年，葛老师牵线给我安排了一次拜访李老师的机会，这让我兴奋不已。我对李老师的近乎神奇的研究手段和他当时在柴油机工业界内的盛名早就崇拜得五体投地，一心要去取一下“真经”。然而这样一位大牌教授会不会待见我这样一个毛头小子呢？万一对我拒之门外那可真难堪！怀着这种复杂的心情，我坐车到了江南小城镇江。彼此才第一次见面的李老师没有一丝一毫大教授的架子。他与我这个小了一辈，且刚入师门的湖南老乡一见如故，一口改不了的湖南乡音让我紧张的心情迅速放松下来。他精心又全面地介绍他的实验室、研究课题。我相信我当时一定问了不少非常幼稚甚至可笑的问题，但是他没有任何的不耐烦和不屑一顾，认真严肃地回答了我的每一个问题，这让我印象极深。这次初见，我如沐春风，除了充分感受到李老师的大师风范，那种能力水平之外，那种与人为善、虚心待下的做人之道也深深感染了我，并成为我以后为人的楷模。这一次见面让我从此与李老师结下了不解良缘，以后即使不能见面，我们还是通过其他形式保持断续的沟通，从他那里得到的启发，也助力我更好地开展课题研究。

1994 年在底特律的一次国际会议上再次见到李老师，我们久别重逢，在内燃机领域内进行了深度的交流和讨论，并自此开始了与李老师不一般的忘年之交：与李老师一道对他在湖大和镇江所带的博士生赴美和在美提供帮助和培养；与李老师一块完成论文的撰写；代表李老师去 SAE 宣讲论文……这些科研上的深入融合让我有了更多的机会走近李老师，学习他对科学的执着、对他人的厚道、对文学的享受。与李老师的这段经历是我人生中的一段让人享受的佳话，我至今还与李老师有着文字和电话联系，回国后曾偕夫人专程去镇江拜访李老师和师母，只要有机会还要再次造访。

这份从 1985 年延续至今的情缘，使我从李德桃老师那里受益匪浅。在我科研发轫的重要阶段，从不同角度为我注入了我今后成长必须有的独特而且优质的养分，在如何做人，如何为师，如何攀上技术的高峰等方面都为我树立了用一生去为之奋斗的标杆。试问有多少人能够如此幸运，可以在他走向事业征程的初期便得到上天的如此厚爱呢？

作者简介

彭立新（1957—），康明斯（全球）副总裁，康明斯（中国）首席技术官，曾任上海柴油机股份有限公司副总经理兼总工程师。1981 年毕业于湖南大学，1994 年获加拿大麦克马斯特大学博士学位。曾获联合国 TIPS 中国国家分部科学技术发明与进步奖，中国汽车协会最佳贡献奖，2015 年被北京外国专家局评为“融智北京高端专家”。在发动机领域（包括转子发动机、内燃机、自由活塞发动机、增压技术等方面）拥有 9 项美国专利并发表过多篇技术论文。

20 世纪 80 年代的“长沙会战”

杨维佳

我是生在旧社会、长在红旗下的那代人。1965 年因为家庭出身问题，从南师附中初中毕业后没能考上高中，但幸运地被南京地质学校录取。可惜不到一年，“文革”开始，基本没学到什么东西，随后在地质队当了 9 年工人和技术员。

恢复高考后，我于 1978 年考入南京理工大学（当时叫华东工程学院）。1982 年毕业后留校，在工程热物理和飞行力学系的非电量测量研究室工作。工作方向是各种物理量的瞬态测试技术，

作者与六个单位的人员合作进行冷起动试验（1989 年）

特别是用于弹道研究测试中所需要的各种测试技术的教学和研究。

20 世纪 80 年代是百废待兴、科学技术欣欣向荣蓬勃发展的年代，由于“文革”造成的人才断层，我们这几届学生便受到了重用。20 世纪 80 年代末，我就被任命为教研室主任。在校工作期间，我除了完成本科生、研究生的教学任务外，还主持和参加了一些科研和技术开发工作，如电引信的无损检测技术研究、近炸引信仿真测试方法和测试系统的研究、通用弹道测试瞬态记录仪的研制、弹丸膛内运动姿态测试方法和测试系统研制、火炮膛内冲击波测试技术研究、纳秒级激光脉冲参数测试技术研究、红外线火车轮轴轴温自动探测分析系统的研制、军事通讯用电子电键的研制等。1985 年，我还参加了 2000 年国家科技发展规划的编制工作，编写了兵器口弹道学的内弹道测试技术篇。

1987 年， 李德桃老师通过我们系的朱晓光和我联系，邀请我参加一个国家自然科学基金的研究项目“涡流室式柴油机冷启动机理的研究”（项目编号 5880241）的部分工作。李老师是我们南京理工大学的兼职教授，我那时刚好在科研的空档期，因此虽然对课题不太熟悉，还是接受邀请，加入了李老师的课题组。这个课题组成员分别来自镇江（江苏理工大学）、北京（中国农业机械化科学研究院、北京特种发动机研究所）、南京（南京理工大学）、长沙（湖南大学、长沙铁道学院、长沙内燃机研究所）、无锡（无锡县柴油机厂）等地。

李老师确定在长沙内燃机研究所内设的湖南省农用动力检测实验室做实验，取得关键数据，再回去做分析。因为长沙内燃机研究所有发动机低温实验室，同时也有可供实验的内燃机和传感器标定设备。而我的任务就是具体负责该项目的测试方案，配合课题组完成实验，取得测试数据，以及后续数据的回放处理工作。

课题组部分成员在长沙内燃机研究所冷起动室合影（1989 年）

出发前，我仔细思考了测试方案。考虑到测量对象——内燃机的起动过程，应该是秒数量级的单次过程，其信号必然是从零开始到稳态的变量，而且信号数量也不止一个。因此对测试设备的要求是：至少双输入通道，能记录信号从零开始到稳态的全过程，能够实时记录并储存测量数据，记录信号的时间长度不能少于 50 秒，回放数据便捷。

在当时的条件下，可以采用的信号记录设备有笔式记录仪、紫外线记录仪、电子束感光式记录仪、阵列式记录仪、磁带记录仪，以及 20 世纪 80 年代刚出现的数字式瞬态记录仪，等等。其中，数字式瞬态记录仪具有记录系统无机械惯性，分辨率高，可反复回放且无数据回放损失，且可以高速或低速回放，利于后续数据的分析等明显优势。

我们选择了在当时国际上非常先进的“DL1080 可编程瞬态记录仪（Programable Transient Recorder)”，其最高采样频率达 20MHz，最低 0.5Hz，8bit 分辨率，双通道，记录长度为 4kB，使用数字磁带记录数据，也可以通过RS232接口和GPIB接口（IEEE-488接口）通过计算机实时读取数据。它有六种记录模式，其中预触发功能可以使仪器保留触发阈值之前的信号，从而记录下信号从零开始的整个变化过程。

预定的实验时间是10月，李老师和大家约定各自出发后都到长沙集合。当时的出差条件是现在难以想象的。那时南京到长沙的交通远没有现在方便，先要乘7~8个小时的绿皮火车到南昌，再从南昌乘7~8个小时的客车到长沙。火车票和客车票还很不好买，那时可没有网上预售什么的，都是到车站买票，买不到票就找招待所住一晚。住宿条件也不是现在的标准间，而是通铺。我们从长沙回南京时就没有买到南昌到南京的火车票，只好在火车站凑合一晚。

DL1080可编程瞬态记录仪很重，主机和专用显示器加包装共重50多公斤。我和我们研究室的同事郭新红一起手提肩扛，把一套DL1080可编程瞬态记录仪随车带到长沙内燃机研究所。这时，课题组的其他同志也已经到达长沙。

第二天上午，听长沙内燃机研究所的同志介绍情况，我们也一起熟悉实验场地，了解实验设备，特别是低温实验室的情况。按现在的标准看，这个低温实验室算是很简陋的，最低设计温度为零下20℃。而且因为制冷能力不足，在接近最低温度区时降温特别慢，又没安装换气管道和排烟通道，这在随后的实验中，让我们吃了不少苦头。但即便如此，这在当时也是很了不起的了。午餐后讨论实验方案，确定了用DL1080可编程瞬态记录仪为主体的测量方案和具体实验步骤。正式测试开始前，首先要检修实验用柴油机，标定测量用传感器。然后在常温下反复做实验，摸索传感器的最佳位置、传感器放大器的参数设置和瞬态记录仪参数的设置（采样频率、电压范围、触发电平等），这些工作共花去了两天时间。

接下来就是正式实验了。具体实验过程烦琐而枯燥，每天半夜开始制冷，到早餐后温度基本降到实验要求时，我们就穿着厚厚的棉衣进入，到达各自岗位，开始预热测试仪器并设置好参数。这时因为开门、仪器开动和人员进入的影响，室内温度会有所上升，需要继续制冷降温。为了整个实验场地温度尽快稳定，这段时间所有人员不能移动、不能说话，大约 30 分钟后达到了实验温度，实验才能开始。

确定所有仪器状态正常后，用手摇的方法起动柴油机。每次实验必须在 2 次以内起动成功，否则发动机温度升高，室内烟雾太大，实验条件被破坏，一切又要从头开始。因为我在地质队的时候经常手摇起动柴油机，甚至曾经手摇起动过 45 匹 4 缸柴油机，可以说是此道高手，所以经常由我来摇柴油机。

因为是全封闭环境，烟雾弥漫，按现在的说法，AQI 绝对在 200 以上。所以每次实验结束后，都要打开低温实验室的门，吹风驱散烟雾。同时要记录实验过程，在记录数据的磁带盒上做相应标记，以便于后续处理，必要时还要更换数字磁带。下午低温实验室温度基本恢复到常温后，需要在专用示波器上回放数据，以确定本次实验是否有效，如果有瑕疵还要重做。

这样的实验一天只能做一次。因为 DL1080 瞬态记录仪只有 2 个通道，所以需要改变传感器位置，多次重复实验。为了实验数据方便处理，其中一个通道作为参考通道——记录曲轴位置信息。总的来说，实验还是比较顺利的，前后花了 20 多天时间，实验就结束了。实验结束后，还举办了一个学术讲座，由多位专家讲授内燃机测试等多个专题，来自全国各地的 50 多名科技人员参加了讲座。东道主还组织我们游览了岳麓书院、爱晚亭、橘子洲、火宫殿等长沙名胜。

在此之后的 3 年内，每年李老师和他的研究生都会到南京，和我一起处理实验数据。我不是学内燃机专业的，只能提供数据处理方面的经验。

很久以后，我才更深刻地了解当年参加的“长沙会战”的重要性。在当时的条件下，无论是人员组织、技术方案选定和实施、设备调集、数据处理和形成最后成果，“长沙会战”的难度都是很大的。但在李德桃老师的领导下，我们克服了所有困难，完美地完成了“长沙会战”的设定任务，最终完成了编号 5880241 的国家自然科学基金的研究项目。

该基金项目也产生了一系列成果：首次建立了柴油机冷起动过程四阶段模型和热力参数计算模型，阐明了涡流室式柴油机冷起动过程的基本规律和特征，为改善冷起动过程，增加冷起动的可靠性奠定了理论基础，并在 S195 型柴油机上获得了降低最低起动温度 6~18℃的应用效果。项目获得机械工业部科技进步一等奖，并被国家自然科学基金委员会选为 1999 年工程热物理与能源利用学科四大重要成果之一。根据该基金项目的成果，李德桃老师在日本所做的“涡流室式柴油机冷起动机理”学术讲座，受到日本五味努教授高度评价，认为讲座内容对改善柴油机冷起动性能、减少污染有很大的贡献。

邵阳汽车发动机厂由于应用了该基金项目的研究成果，解决了 480Q 型柴油机的冷起动问题，1993—1996 年增加销售收入达 1.2 亿元；湖南省华裕发动机制造有限公司因为改善了 483Q 型柴油机的起动性能，在 1996—1997 年，两年新增产值 870 万元。

在此基础上，李德桃老师还编写出版了《涡流室式柴油机冷起动的基础研究与改善措施》（国家自然科学基金委员会资助，科学出版社出版）。

以上这些都是 30 年前的往事了，记忆可能有错漏。回忆这段历史，我仍感到十分荣幸，能有在李老师身边工作的机会，在李老师的指导下，与其团队合作，完成了一项全新领域的工作，为我的职业生涯增添了浓墨重彩的一笔。在整个工作过程中，我看到了老一辈科学家对工作兢兢业业的态度，对科学技术一丝不苟的钻研精神，对攻克技术难关勇往直前的气势。这也使我认识到自己与老一辈科学家的差距和努力方向，这对改进我今后的工作有很大的促进。

作者简介

杨维佳（1949—），江苏天泓汽车服务（集团）有限公司副总经理、高级工程师。1982 年毕业于南京理工大学（时名华东工程学院），曾任南京理工大学 807 教研室、非电量测量研究室主任。参加多项省部级课题研究，先后获得机械委、兵器工业部科技进步奖多项。1992 年任职南京香港长江有限公司，先后任技术部主任助理、技术部主任。2001 年加入江苏天泓汽车服务有限公司，创建了售后服务中心，为公司高速发展做出了积极贡献。

我的学习和从教生涯

吴　建

时光如水，岁月如梭。自 1982 年大学毕业、留在河南科技大学从教已有 36 年，这在时间长河中只是一朵转瞬即逝的浪花，而对于我的人生却是一段极其宝贵的黄金时期，因为人生又有几个 36 年！回首这走过的路，不敢说自己取得了多少骄人的成绩，但确是深有感触，作为一名教师需要耐住寂寞、甘为人梯，少一分浮躁、多一分淡定从容，不以功利而耕耘、不以平凡而烦恼，用认真踏实的心态对待自己的工作。

"文革"后的 1977 年高考，改变了许多人的人生轨迹，我也有幸通过这次高考进入了洛阳农机学院（后更名为洛阳工学院，现为河南科技大学）内燃机专业，专业的选择受到了我父母的影响，他们于 1956 年从长春汽车拖拉机学院（后更名为吉林工业大学，现为吉林大学）毕业，这冥冥中注定了我与"内燃机"一辈子的缘分。

洛阳是十三朝古都，有"千年帝都，牡丹花城"的美誉；也是"一五"期间国家重点建设的工业基地之一，建有第一拖拉机制造厂等大型企业，中国第一台拖拉机（东方红 -54 履带拖拉机）就诞生于洛阳第一拖拉机厂；同时，洛阳拖拉机研究所等一批国家级研究所在洛阳安家落户。洛阳农机学院是应国家工业基地建设布局的需要建立的，学院设有拖拉机、农机、内燃机等专业，与洛阳第一拖拉机制造厂（今中国一拖集团有限公司）、洛阳拖拉机研究所相邻，洛阳因此成为国内拖拉机产品研究开发、生产及专业人才培养的重要基地，这样的产学研合作环境为学校的发展提供了良好的外部条件。

在洛阳农机学院，我的大学同学有“上山下乡”的城市知青，有面朝黄土的农村青年，有在工厂工作多年的工人，还有城市待业青年；年龄差距比较大，最大的 34 岁，最小的 17 岁。他们经历丰富，志趣广泛，因为深知这样的学习机会来之不易，且信奉“书山有路勤为径”的古训，便晨曦诵读，挑灯夜战，这是十分普遍的现象。与我同寝室的李书欣（现在欧洲空中客车公司任机翼技术总工程师，国家“千人计划”特聘专家），总是早晨 5 时半左右出门，晚上 11 时左右归舍，4 年下来，几乎天天如此。这样的执着刻苦，既有自我期许，又负有家庭和社会的重托。在这样的氛围中，我的大学生活紧张而有序。为了更好地学习掌握内燃机的专业基础知识，我在父亲的建议和安排下，利用大三的暑假就近到了洛阳拖拉机研究所发动机实验室，在工程师的指导下参与了农用柴油机质量检测的性能试验工作，根据柴油机性能试验的需要，跟着指导老师进行三班倒。通过一个暑假的学习和实践，我对发动机性能试验的过程（台架的调整、发动机与台架的连接、试验步骤、数据采集及处理等）有了清晰的了解，这对后来的专业理论课的学习起到了很强的促进作用，这也说明了专业实践是专业素质培养不可或缺的环节。经过了 4 年紧张的大学学习生活，1982 年 1 月我顺利毕业，并留校任教。

留校后，在教学和科研工作方面有幸获得了钱程教授、赵致和教授等老教师的悉心指导，通过随堂听课、辅导答疑、批改作业、指导实验等环节，我逐渐适应了教师的角色，学习老教师的教学方法。同时，为了提高自己的专业理论水平，1987 年 3—7 月，我到湖南大学进修了燃烧理论等研究生课程。经过近 5 年的准备，我终于站上了三尺讲台。我清晰地记得第一次站在讲台上讲课时，讲的是“内燃机原理”这门课，看着台下学生一双双明亮清澈的眼睛，尽管我表面上故作镇定，但心里还是非常紧张的，好在课前备课还算比较充分，总算是顺利地讲完了第一次课。为了讲好每一节课，要查阅大量与讲授内容相关的参考资料，所以备课要花费更多的时间，当然这也是自我学习提高的一个过程。在专业课程的讲授过程中，我感觉到若要把课讲得生动，还需要不断将最新的科研成果作为课程讲授的素材，将在科研中获得的新知识及科研新成果及时融入教学中去，以丰富课堂教学内容、提高教学质量。1996 年前后，我先后参与了 X195A、XN2100 柴油机的开发设计等科研项目，通过完成整机方案确定，零部件设计、气道设计、燃烧系统参数的确定，样机制造及性能试验等工作，对发动机设计时所要考虑的各种因素（诸如所开发设计的发动机用途、企业现有生产条件、零部件的配套来源等）有了较为全面的了解；同时，对如何把所学的专业基础知识和专业理论综合地运用在发动机产品设计当中有了更深的体会，解决工程实际问题的能力也有了明显的提高。这些科研开发工作的体验及所取得的成果都成了我专业理论课讲授中理论联系实际的素材，同时也提高了我的工艺课程设计、毕业设计指导水平，为我提高教学能力和教学水平提供了有力支持。

尽管我在工作中仍在不断地学习，且在 1992 年取得了硕士学位，但随着学校和专业的发展，对师资的要求越来越高，我感到很有必要继续提高专业理论水平和科研开发能力。这期间，也与江苏大学李德桃教授多次交流（李德桃教授是我国著名的动力机械和工程热物理专家），李教授从高校发展、学科建设需求、个人职业发展和能力提高等方面给我讲了继续深造、提高学历层次的必要性，希望我能在完成硕士研究生学习后，继续攻读博士学位。

1999 年 3 月份，趁李教授来洛出差的机会，我与李教授又进行了一次面谈，交流了我们学校和学科专业发展的状况，也谈到了我对报考博士研究生的一些顾虑，李教授鼓励我克服暂时的困难，攻读博士学位，提高自己的学历层次，适应学校和专业学科的发展，也为自己今后的职业发展创造良好条件。在李教授的真诚鼓励、家人的积极支持和自己的认真准备下，我于 1999 年 5 月参加了湖南大学博士研究生入学考试，并被录取为湖南大学车辆工程专业博士研究生，我的博士生导师就是李教授（湖南大学的兼职博导）。在考博期间，湖南大学机械与汽车工程学院龚金科教授给予了我大量的支持和帮助（龚教授时任湖南大学机械与汽车工程学院热能动力工程系主任）。1999 年 9 月，我来到了岳麓山下享有“千年学府，百年名校”之誉的湖南大学，成了一名 1999 级博士研究生。

湖南大学依岳麓山而建，悠久的办学历史积累了浓厚而特有的文化底蕴，校园里学习气氛很浓。在湖南大学期间，在紧张学习之余，我常和同学一起，或到岳麓书院看看，或爬爬岳麓山。岳麓书院里“实事求是”及其他众多牌匾都在传递着书院严谨治学的作风。

在博士一年级的学习期间，我就今后要开展的博士论文的研究内容请教了导师李教授，按照李教授的建议，在理论课学习之余，查阅相关资料，了解内燃机技术发展的动态及国内内燃机技术现状和发展趋势，经过与李教授多次讨论，最后确定围绕柴油机电控共轨系统进行研究，并在李教授的推荐下，前往一汽集团无锡油泵油嘴研究所结合研究所所承担的柴油机电控共轨系统研究课题开展我的博士论文课题研究。

共轨喷射系统是由意大利菲亚特公司在 20 世纪 80 年代为了应对用户对 Croma 型柴油机缺乏精确优化的批评而设计的。自 1991 年日本电装公司发表 ECD-U2 高压共轨系统论文以来，国外燃油系统制造商纷纷投入巨额资金和巨大人力开发共轨系统。

我国进行柴油机共轨喷射技术的研究和开发，是从 20 世纪 90 年代中后期开始的，无锡油泵油嘴研究所则是国内最早在此领域开展研究和开发的单位，是从事汽车发动机和燃料喷射系统研究开发的专业研究所，行业唯一的归口研究所。

2000 年 9 月份，我来到了无锡油泵油嘴研究所，结合研究所提出的增压式共轨喷射系统进行博士论文课题研究。该喷射系统突破了蓄压式共轨喷射系统的控制模式，可实现柔性控制。我的课题研究任务是在对蓄压式喷油器进行模拟计算分析的基础上，对影响增压式共轨喷射系统的诸因素和结构参数进行计算分析，并进行实验验证，以期为增压式共轨喷射系统的完善提供理论支持。无锡油泵油嘴研究所项目组对蓄压式和高压共轨喷射系统进行了多年的试验研究。在关键零部件的加工工艺、试验方法、系统控制和发动机匹配等方面都取得了进展，并装在国产五吨卡车上进行了较长时间的运行测试。所有这些，都为我的课题研究提供了重要的条件、经验和数据。在我的博士课题研究过程中，胡林峰博士（时任无锡油泵油嘴研究所副所长）特意安排了项目组的张建新高工、唐敏工程师等人配合我完成实验研究部分工作，在实验仪器设备上给予优先，使得我的实验研究工作能够顺利进行。在喷射过程模拟计算分析工作中，夏兴兰博士（当时在无锡油泵油嘴研究所做博士后研究）也给了我极大的支持和帮助。在模拟计算中需要以 STAR–CD 软件为平台，对共轨内的压力场和速度场进行三维非定常流动的模拟计算分析，而我以前未接触过 STAR–CD 软件，所以在初期我遇到问题时总是去请教夏兴兰博士，夏博士也总是不厌其烦地给我答疑解惑；在我进行实例计算时，由于我所用的计算机运算速度慢，一个实例需要花费 40 多小时，为了能尽快完成计算分析工作，夏博士就提出在不影响其自己的研究工作的情况下，用他使用的工作站在夜间运行我的实例，这样就可以每天完成一个算例，我的模拟计算分析工作才得以顺利进行。同时，朱剑明所长对我在所期间的工作生活给予了关心、帮助和支持，他在重视人才、培养人才方面所表现出的远见卓识给我留下了深刻印象。正是有了朱剑明所长、胡林峰博士、夏兴兰博士等人的大力帮助和支持，才使得我在研究所的课题研究工作得以顺利完成。2002 年 9 月，我告别了无锡油泵油嘴研究所，返回湖南大学，开始博士学位论文的撰写工作。李教授对我的博士学位论文进行了反复、细致的审阅，给出了详细的修改意见，在李德桃教授的认真指导下，我完成了学位论文，并于 2002 年 11 月顺利通过了博士学位论文答辩。回想起攻读博士学位的 3 年多时间里，我之所以能够比较顺利地完成学业，离不开许许多多人的关心和支持。我的博士学位论文是在导师李教授的精心指导下完成的，他的严谨求实的治学风范、渊博的学识、诲人不倦的

庄逢辰院士和李德桃教授在河南科技大学发动机实验室指导工作（2002 年）

河南科技大学发动机实验室（2012 年）

工作态度和学术上精益求精的精神，使我获益匪浅，终生难忘。我也从心底里感激龚金科教授、朱剑明所长、胡林峰博士、夏兴兰博士等对我在读博期间给予的帮助和支持。

我完成博士学业回校后，联合李德桃教授、胡林峰高工围绕共轨喷射系统共同申报了河南省科技攻关计划项目、河南省科技厅自然科学基金项目和洛阳市科技特派员计划项目，从而带动了我们学科在柴油机共轨系统方面的研究。在合作开展科研的同时，2004 年 4 月，我们还邀请李教授、龚教授、胡高工来校进行学术交流，为学科的发展出谋划策，并聘请李教授、龚教授、胡高工为河南科技大学兼职教授。作为当时的系主任，我还带领多位学科教师到江苏大学能源与动力工程学院进行了考察调研，围绕专业教学、科研、学科建设及实验室建设等方面进行了交流，并且参观了新建成的内燃机实验室，加强我们学科之间的联系。2003年，在李教授的推荐下，我们邀请了美国加利福尼亚州立工业大学薛宏教授来校进行学术交流，并聘请薛宏教授为我校动力工程及工程热物理学科省级特聘教授，在薛宏教授的指导和帮助下，我们学科围绕微动力系统、微尺度流动和传热两个方面开展了科学研究，先后获得了国家自然科学基金、河南省国际合作计划及河南省教育厅科技计划的资助。薛宏教授在担任特聘教授期间，为学科开拓了新的研究领域，对学科的发展和人才培养做出了很大的贡献。

所有这些都得益于李德桃教授所倡导的“四跨”科研团队的密切合作，这种合作加强了中东部地区高校、科研院所学科间的交流和产学研合作，也促进了各自学科的发展。我个人也在这样的合作中获益匪浅，通过这种合作，我的业务水平有了很大的提高，

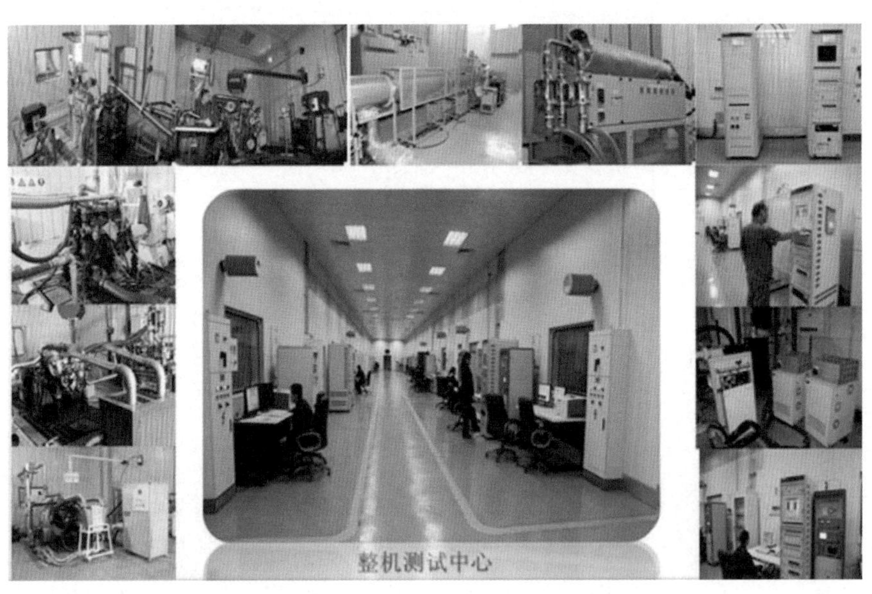

第一拖拉机厂发动机实验室（2012 年）

先后有21项成果通过省级鉴定，获得省部级科技进步奖4项；科研也促进了教学水平的提高，先后获得校教学优秀奖一、二等奖5次；2005年还被评为洛阳市优秀教师。

回望过去的36年，有过烦恼和茫然，也有过开心和喜悦，现在更多的是感受到自己专业成长的欢乐。再过两年，我将告别三尺讲台，教学生涯行将结束时，我可以无愧地说，我可能不是最优秀的教师，但我对待科研和学生一定是尽心尽力了。在以后的日子里，我将带着这些年所秉持的科研和教育精神，脚踏实地，孜孜不倦，活到老，学到老。

作者简介

吴　建（1959—），河南科技大学教授。1981年12月毕业于洛阳农机学院，1992年获洛阳工学院硕士学位，2002年获湖南大学博士学位，2005年被评为洛阳市优秀教师。参与完成国家自然科学基金项目、科技部重点研发计划项目及省部级科研项目、企业合作技术开发项目20余项，获省部级科技进步奖多项，主要从事发动机缸内流动和燃烧的实验研究和计算分析。

我的专业求学与工作回顾

黎　苏

我出身于知识分子家庭，父母都是大学老师，在家庭影响下我从小就比较热爱学习。随着1977年国家恢复高考制度，我于1978年中学没毕业就考入了原国家机械工业部重点大学——吉林工业大学内燃机专业，毕业设计师从钱耀义教授，完成了毕业论文《内燃机燃烧放热率计算分析》，1982年大学本科毕业，获得内燃机专业工学学士学位，并获得机械工业部“优秀大学毕业生”称号。大学毕业前我成功通过全国统一研究生考试，毕业后进入洛阳拖拉机研究所发动机研究室攻读硕士研究生，师从杨国荣、冯恩科两位教授级高级工程师，经过三年时间的研究生学习，完成了《柴油机喷雾粒度场分布规律的研究》论文，获得了工学硕士学位。1985年硕士毕业后我留在洛阳拖拉机研究所发动机室工作过程组短暂工作了半年多，任助理工程师，主要从事柴油机的燃烧系统设计和试验研究工作，参与了TY1100、TC387柴油机的设计开发工作。1986年，我从洛阳拖拉机研究所调入吉林工业大学汽车学院内燃机系，从事教学与科研工作。在此后近十年的时间内，先后从助教晋职为讲师、副教授，作为课题负责人或主要参加人，完成了包括国家自然科学基金、国家教委博士点基金、中国汽车工业总公司课题在内的纵、横向课题18项。1989年获得了沈阳市科技进步二等奖，1990年获得了辽宁省政府星火科技一等奖，1991 年获得了国家“星火”二等奖，1996 年获得了吉林工业大学科研重大贡献奖。在教学方面，为本科生、函授生主讲了“汽车发动机原理”“汽车发动机测试技术”及“摩托车构造与使用维修”三门课程；指导本科生毕业设计、课程设计及结构使用实习；为硕士研究生讲授了“高等内燃机原理”和“汽车发动机电控技术”两门课程；指导了硕士研究生 3 人并协助指导过博士研究生 1 人。结合教学与科研工作，出版了《汽车排气系统噪声与消声器设计》等专著 4 部，其中 3 部为主编；先后在国内外各类学术刊物上发表学术论文 20 多篇。

1994 年 9 月，我考入湖南大学，在李德桃教授的指导下，开始了近三年的博士研究生学习。我读的是在职博士，其间除了学习课程，钻研博士课题外，还要在吉林工业大学承担部分教学任务。繁忙充实的博士生涯，使我在专业知识体系和科技创新能力上得到了提升；在李德桃教授学术思想和人格魅力的影响下，我进一步完善了人生观和价值观。博士学习的经历，对我后来的业务发展产生了深远的影响。

1997 年 6 月，我在湖南大学如愿获得了工学博士学位；于同年 9 月进入哈尔滨工程大学船舶与海洋工程博士后流动站，师从张志华、王芝秋两位教授，开始了为期两年的博士后研究工作。1999 年 6 月博士后出站进入河北工业大学工作至今。在博士和博士后期间及多年科研经验的积淀，使我在来到河北工业大学的当年就被破格晋升为教授，时年 38 岁。在河北工业大学工作的十九年中，在科研、教学和管理等方面都取得了一些成绩，这跟我在各阶段学习过程中得到多位恩师的言传身教是密切相关的，尤其是在湖南大学师从李德桃老师的博士学习阶段更是受益匪浅。

首先是在管理能力方面的提升。我从吉林工业大学调入河北工业大学源于教育部当年的“211 工程”建设，20 世纪 90 年代末各高校都缺乏人才，河北省几乎没有很知名的高等学府，为进入“211 工程”建设行列，河北工业大学急需引进高学历人才，给的条件待遇（主要是科研启动经费、安家费及居住条件等）较好。我于 1999 年 10 月来到河北工业大学后就担任了动力工程系副主任和汽车教研室主任，同时根据学校学科布局安排，开始着手筹建环境工程专业，经过不到一年的建设，环境工程专业于 2000 年秋季开始招生。之后，学校根据教育部的学科划分进行了院系调整，学校下设学院取消了教研室，把汽车专业调整到了机械学院，原来的动力工程系更名为能源与环境工程学院。我留在了能源与环境工程学院，任副院长兼环境工程系主任，同时担任汽车专业学科带头人。2002 年晋升为能源与环境工程学院院长，干到 2005 年学院迁至北辰新校区后，因不愿牵扯过多精力而辞职。卸任后于 2006 年恢复了动力机械及工程（内燃机）专业的招生，我担任动力机械及工程学科的学术带头人，同时兼任中国内燃机学会理事、中国汽车工程学会理事、河北省内燃机学会副理事长、天津市内燃机学会理事、天津市环境学会理事、高校工程热物理学会理事等。

在河北工业大学工作的十九年中，我在学科建设与科学研究方面做出了一定的贡献。1999 年至 2006 年期间，主要参加了国家科技部等 13 个部委开启的“全国蓝天工程——清洁汽车行动”计划，先后承担了国家“九五”科技攻关项目“中/轻型客车（城市中巴）用发动机改为单一燃料 LPG 燃气发动机的开发研究”，天津市自然科学基金项目“燃气汽车电控多点喷气系统的研究开发”，天津市科技支撑计划项目“燃气汽车闭环电控系统的研究开发”“满足欧 5 排放的稀燃天然气发动机开发”等燃气汽车项目；为天津夏利汽车开发匹配了 LPG 与 CNG 车型；为天津雷沃动力开发了适用于城市公交车用的电控 CNG 发动机。2007 年以后积极开展与企业的产学研合作，开发了适用于不同车型的排气分析检测仪和减排装置，并实现了规模产业化；先后承担了天津市科技支撑计划项目“SV-5QG型汽车排放气体分析仪的研发”，国家中小企业技术创新基金项目“汽柴两用车辆尾气排放检测及故障诊断系统”，天津市中小企业技术创新基金项目“汽车前照灯全自动测试系统”，天津市自然科学基金重点项目“电控冷却废气再循环系统的研发及产业化”。开展国际合作，研发了空气动力发动机和自由活塞发动机样机。在河北工业大学的19年时间里，我完成的纵、横向课题共计52项，结合科研工作，主编出版了《汽车发动机动态过程及其控制》等专著5部，先后在国内外各类学

作者出版的部分专著

2013 级研究生毕业答辩留影（2013 年）

术刊物上发表学术论文 40 多篇，获得专利 20 余项；培养研究生（硕士、博士）50 多人；获得了天津市科技进步二等奖，以及国务院特殊津贴专家、“燕赵学者”等荣誉。

回顾我专业求学与工作的成长历程，得到过许多良师益友的指导和帮助，让我心存感激。我和我的博士生导师李德桃教授从相识到相知的点滴令人难忘。

我与李德桃老师的相识源于我的父亲，李老师与我父亲是 20 世纪 60 年代初在吉林工业大学时的老同事和朋友，1963 年组建成立镇江农机学院（今江苏大学）时，李老师调去了那里。改革开放初期，即我上大学期间，国家选派了一批高校教师出国进修学习，李德桃老师便是其中的一员，还有吉林工业大学的钱耀义和刘巽俊老师等，但李老师是这批出国留学人员中为数不多在国外拿到了博士学位的人才之一。记得我第一次见到李德桃教授是在我读硕士研究生期间（大概是 1983 年），我当时参加了机械工业部在吉林工业大学组织的出国学习归国人员汇报交流会，聆听了李德桃老师和其他出国学习老师的研究报告，会后我随同父亲见到了李德桃老师。初次见面，李老师给我的印象是非常朴实，谈话间知道他放弃了国外优厚的待遇和科研条件，毅然回到祖国为国效力，令我十分钦佩。后来在洛阳拖拉机研究所（1985 年），我第二次见到了李老师，知道他与我硕士导师组的龙祖高高级工程师是大学同班同学。在成为高校教师后（1986 年），我最初参加的科研工作就是为沈阳柴油机厂的 195 柴油机改善经济性和冷起动性，195 柴油机的燃烧系统是涡流室，李老师的那本《柴油机涡流燃烧室的设计与研究》便成为我科研工作重要的参考资料。我在吉林工业大学工作的 1986—1993 年期间，李老师数次来校参加博士和硕士研究生答辩，我与李老师有了更多的见面接触机会，对李老师也有了更多的了解，知道他在江苏大学非常艰苦的工作条件下，依然无怨无悔地执着于科学研究，不放弃对技术创新追求的精神；知道他是全国人大代表；同时也知道他是湖南人，是湖南大学的兼职教授，希望为家乡贡献力量。于是在 1994 年，由父亲引荐，我通过报考成了李德桃老师在湖南大学的首个博士研究生，亲身感受到了李老师艰苦朴素、平易近人，治学严谨、坚忍不拔的大家风范。我读博期间也正是李老师招博士生最多的时期，那时他经常奔波于镇江和长沙两地指导学生、开展科研，十分辛苦。当时湖南大学给李老师提供的条件并不太好，只有个一室的住房，没有办公场所。李老师不仅非常关心我在湖大的学习与研究工作，还十分照顾我的生活，当李老师不在长沙时他把湖南大学提供的住房让给我居住和学习。我在湖大读的是车辆工程的博士学位，湖大车辆工程博士点的学科带头人是黄天泽教授，黄教授年长李老师几岁，早前也在吉林工业大学跟李老师做过同事。当我在李老师的指导下完成博士论文准备送审时，湖大机械学院有人提出应该让博士点带头人黄天泽教授做第一导师，当时李老师不在长沙，此事让我不知所措，只能汇报给李老师，然而李老师并没有计较，同意了做第二导师。我从湖大博士毕业后的这些年，因忙于工作跟老师只见过两次面，虽然见面不多，但李老师言传身教和对专业刻苦钻研、永不言弃的风格在我内心深处打下了深刻烙印，对我以后的发展影响很大。

接下来说说我与吴志新之间的同门益友之情。我与吴志新相识是在1984年的秋天，在洛阳拖拉机研究所，当时他是所里新分配来的大学生，而我是在所里做论文课题的研究生，我们同在发动机室，那时我们都还是二十出头的小伙子。当年刚出校门的志新不太爱说话，我们接触并不是很多，后来我从拖拉机研究所调到吉林工大，我们就断了联系。1987年吴志新来吉林工业大学读在职硕士研究生，我们有了第二次相遇；经过几年工作锤炼，再次见面时志新变得很健谈了，我们之间的交流便多了起来，成了真正的朋友，1988年我父母搬家，志新和他同学还来帮忙；三年后志新硕士毕业回到拖研所，我们就又断了联系。1994年我决定报考李老师的博士生，前去江苏大学拜访老师时，在江大校园与志新又不期而遇了，才知道他已经提前投到李老师门下了。我是1994年秋季在湖大入学的，我在湖大时志新随李老师去过几次，我们成了同门师兄弟，话题就更多了，我们谈课题、谈专业、谈时事，也谈生活，我们一起聚餐、一起散步，一起登岳麓山，那时感觉很开心。博士毕业时已经有了手机，联系变得方便起来，我知道志新去了中国汽车技术研究中心工作。我博士后出站后，也来到了天津，我们的联系又多了起来，我们在事业上互相帮助，并共同投身清洁汽车的研究和推广，共同承担国家和天津市科技攻关项目。2000年至2003年这几年的春节我们两家都在一起聚餐；后来，随着各自父母年纪越来越大，我们工作也越来越忙，家庭聚餐就没能继续。2004年以后，随着志新工作重心的转移，他在管理岗位上蒸蒸日上，我们之间的业务合作逐渐停止。现在，我们虽然见面机会不是很多，但友情依旧。回想我们生命中能有这么多的交集，应该算是今生的缘分吧。

作者简介

黎　苏（1959—），河北工业大学教授，国务院特殊津贴专家，河北省“燕赵学者”称号获得者。1982 年本科毕业于吉林工业大学，1985 年获吉林工业大学硕士学位，1997 年获湖南大学博士学位。曾任河北工业大学能源与环境工程学院院长，获得国家星火一等奖、辽宁省政府星火一等奖、天津市科技进步二等奖，并有多项科研成果应用于产品及生产中。

在美国做工程师和管理的一点经历和感悟

朱晓光

上大学时，我就知道当时的江苏工学院（今江苏大学）有一位国内知名的内燃机学者李德桃教授。1985年，在计划考硕士研究生，并且希望考回江苏的学校时，我就决定报考李德桃老师的研究生。在江苏工学院（今江苏大学）读研究生的那三年，是我人生中珍贵的三年。从下工厂做实验，到在计算机房进行数值模拟计算；从采用当时非常先进的高速摄影技术对内燃机燃烧机理进行研究，到论文的写作和发表，李德桃老师对我每一阶段的学习过程都倾注了很多心血。除了学到扎实的专业知识外，他的许多做人的道理和做学问的方法，更是对我后来的人生成长过程产生了深刻的影响。

在国内读研期间，最让我念念不忘的是，探讨涡流室式柴油机起动孔的作用机理的研究。当时国内业界为此争论不休，我在李老师的指导下，利用高速摄影机拍摄出燃烧室的火焰产生和发展情况。经过艰苦的努力，终于拍摄出火焰从涡流室到主燃室发展的全过程。通过对海量的高速照片的分析我们终于发现，起动孔具有能使涡流室容易着火、主燃室提前着火的功能。这才平息了国内同行的争论，并在国际学术会议上回答了日本同行的质疑。

从江苏大学研究生毕业以后，我于1991年留学美国。毕业后，由于工作机会的关系，没有再接触内燃机行业。当初的第一份正式

作者借用汽车实验室台架做涡流燃烧室高速摄影试验（1986 年）

工作，是加入了一家刚从德州仪器分出来的高科技公司，成为一名半导体制造行业的机械设计工程师。这家公司专门设计和制造用于半导体芯片生产的光刻技术设备。当时只有几十个人，我是唯一的一个外国人。因为来美国时间不长，英文也不好，同事们却都不把我当外人，有问必答，大家的相互合作非常好。在这样的良好工作氛围中，我的专业知识和实际工作经验都有很大提高。

随着公司业务的快速成长，公司的规模从刚开始的几十人发展到几百人。到 1997 年，公司让我牵头组建一个研究组，负责研究新技术在产品中的应用。我们招进了一些有实际工作经验和拥有博士学位的工程师，并且和德州大学阿灵顿分校合作。第一个项目是研究空气动力学中空气流动对高速旋转的晶元表面精细涂层的影响。由于在芯片光刻过程中，晶元表面涂层的均匀度对芯片感光精度的影响很大，我们需要对影响涂层的各种因素进行深入的研究，为设计部门提供理论依据。经过大量的实验和计算机模拟，我们的第一个项目做得很成功，不仅帮助设计工程师们解决了实际问题，还发表了论文。在后续的其他项目中，热传导对光刻涂层影响的研究，获得美国和其他国家的专利。

做了两年多的研究工作后，我感觉到自己更喜欢动手和设计，于是回到设计部门并负责一个分系统的设计。几年下来，我在机械和控制领域里的知识和经验有了明显增长。我们的产品不光涉及机械、控制和软件，还对电子尤其是半导体知识有很高的要求。于是我又利用业余时间，在德州大学达拉斯分校读了个电子工程硕士学位。公司很支持，所有学费和其他费用都由公司负担。

21 世纪初，随着公司发展到了一定规模，我逐渐意识到自己所做的技术工作虽然重要，但一个公司的领导、管理、销售、质量、成本和生产等方面往往对公司的生存、发展和成功，有时候影响更大。我们公司的工程师们非常具有创新能力，我们的设备，无论是系统设计，还是零部件设计，在当时都处于世界领先地位。我们是全球首批设计并生产出 12 英寸晶元芯片制造设备的公司之一。但是在 2000 年左右，由于各种各样的原因，我们设计和生产的设备的质量和可靠性遇到了很大的挑战。而晶元制造设备的可靠性对于半导体芯片的生产过程是至关重要的。从当时的危机中，我深深意识到，一个工程师光有技术是不够的。一名真正优秀的工程师所设计的产品还应该易于制造、成本低、可靠性高，这样才能在市场上具有竞争力。

我在 FSI 前后工作了九年时间，我很喜欢自己所从事的技术工作，也很喜欢那些一起帮助公司从小做到大的同事们。我在工作中投入了很大的热情，学到很多，也获得了公司同事和管理层的认可。今天回忆起来，那是一段令我怀念的时光。

作者在康普公司美国总部门前留影（2020 年）

我于 2003 年离开 FSI 光刻技术公司，加入泰科电力电源系统。泰科国际下的泰科电力电源系统是一家历史悠久的科技公司，是全球电力电源的鼻祖。今天遍布全美国甚至世界各地的技术权威，许多是从这家公司出去的，或者与这家公司有着千丝万缕的关系。公司起源于贝尔实验室，后变成美国电报电话公司 (AT&T) 的一部分。AT&T 分家后，电力电源系统划属朗讯。20 世纪 90 年代末，泰科国际花费 24 亿美元从朗讯买下其电力电源系统。因为起源于贝尔实验室系统，公司非常看重工程和技术的研发和应用。这里汇集着来自世界各国的优秀人才。每年公司也会从各名校招收优秀的博士或硕士毕业生，可谓人才济济。由于公司多年来一直在通信行业发展，所以非常擅长通信系统电源的设计和制造。

泰科电源系统的研发部门有着非常好的工作氛围。举一个例子，如果有任何不懂的问题，你可以在实验室里或走廊上询问任何一个认识或不认识的人。他如果不知道，会告诉你可能知道的人。同事们也经常主动同你分享他对难题的理解和解决方案。在这样一个环境里，任何一个愿意努力的人都会学到很多东西，业务水平会快速提高。后来我到其他公司，一直希望能保持这样的开放交流传统。我让研发团队每个星期五都有一个大家一起喝咖啡和聊天的时间，可以自由讨论并分享设计中遇到的难题。以我多年来的经验，一个不愿与团队分享知识和经验的人，自己也不会是一个出色的人。当今时代，每一个项目都需要一个团队的合作。一个人不可能什么都懂。只有具有团队精神的人，愿意与人分享的人，才能从别人那里学到更多。而作为一位经理或一名管理者，能否带领自己的团队做到这些，在某种程度上反映了其管理的水平。

当时的研发部门几乎每个星期都会邀请其他公司来做产品或技术介绍，并且要求每个来介绍的公司都要为我们准备午餐。我们一边吃着午餐，一边学习了新产品和新技术。

进入公司的前一年半时间，我还是在研发部门做设计工作。由于从半导体设备行业转到电力电子行业，许多东西都要从头开始。好在有同事们的帮助，加上自己的努力，我很快适应了新的工作。那个时候公司的工厂已经从美国本部移到了墨西哥。每次新产品设计完成后做样品，我都会去墨西哥工厂的生产线，看自己的设计是否合理，是否便于生产。

到了 2005 年初，公司在市场上面临的竞争压力越来越大，同时我们墨西哥工厂的生产成本和生产效率也缺乏竞争力。公司的领导层开始认真地考虑把新产品的生产移到亚洲去。由于公司在亚洲没有工厂，如果把生产转移过去，我们需要在那里寻找战略合作伙伴。除了商业上的考虑，合作伙伴的技术水平、质量保证、生产管理等都需要进行调查研究。公司决定从研发部门抽调两位技术骨干，分别负责机械和电子领域的考察。负责电子方面的同事，也是我的好朋友，和我两人一起去了中国的台湾和大陆等地。回来后，我向公司做了比较系统的考察报告。

2005 年 5 月份，公司的总裁来找我，希望我能帮助公司组建一个新的部门，负责公司的生产外移。在这之前，我从没有想过会去生产经营管理部门。甚至就在前不久，公司分管技术的副总裁还曾约我谈过接管机械设计部门经理的事。我自己也以为以后如果从事管理工作，也会是设计或技术管理。但经过考虑，我还是决定接下这份工作。也许不同的工作领域会让我得到更多不同的经验，视野更开阔，也会给自己创造更多的机会。另外，从上一个公司失败的经验教训中，我意识到在公司这样一个关键时刻，应该去帮助公司做些什么。即使失败了，我也可以从失败中学到很多经验教训。当时的墨西哥工厂是公司负责生产的副总裁经营多年的基地。而我现在要做的，实际上是在动他的根基，甚至影响到原厂的生存。可想而知生产部门的反对和阻力有多大，但我还是尽力与这位副总裁及他下面的各个部门团队合作。因为我的部门不光要负责和合作公司的商业谈判、价格确定等，还要协调公司内部的研发、设计定型、试产、测试、质量和采购等各项工作。没有他的部门的合作，过程会更加困难。我们顶着各种有形和无形的压力，克服各种各样的困难，一个项目一个项目地做。到了 2007 年，终于将近一亿美元的新产品导入到亚洲生产，帮助公司大大降低了生产成本。由于团队的出色工作，我也被提升到总监的位置。两年多的新工作，虽然做得很艰辛，但学到了很多原来在研发部门学不到的东西。同时也让自己多少有些成就感。虽然在 2008 年初我加入了另一家公司，但是泰科那段时间的经验，使我对自己有了更强的自信心。而且从那之后，在不同公司的不同管理职位，都让我体会到一个人自信心的重要性。

作为一个成年后才进入美国社会的少数族裔，由于语言和文化差异，需要克服的困难很多，也需要更多的努力。如果仅仅从事技术工作，不是什么难事，而从事管理工作，困难要多得多。以我多年来的体会，做工程师也好，做管理层工作也好，要按照自己真正喜爱的职业去做。不管做什么，都应该全身心地投入。

作者简介

朱晓光（1962—），美国康普公司管理人员。1984 年毕业于浙江大学，1989 年获江苏大学硕士学位，后又获美国双硕士学位。曾获中国国家发明奖、省部级科技进步奖多项和美国发明专利多项。

在科研实践中探寻“四跨”合作之路

单春贤

1984 年 8 月，我从浙江大学内燃动力工程专业毕业，被分配到江苏工学院动力系（现江苏大学能源与动力工程学院）。当时江苏工学院内燃机的实力在全国高校中还是小有名气的，学科排名相对靠前，内燃机专业 5 门主要专业课程之一的“内燃机构造”的教材就出自江苏工学院，学科实力可见一斑。我有幸被分配到江苏工学院，固然和我自身努力学习有关，当然也有某种机缘巧合。

当年分配到江苏工学院动力系的一共有 3 人，除我之外，另外 2 人都是留校的。分到内燃机学科的有 2 人，由于我是外来户，自然就被“发配”到了不太受人待见的工程热物理研究室。也正是这样的机缘，让我有幸结识了在中国内燃机行业享有盛名的李德桃教授，成为他科研团队的一员。

当时的工程热物理研究室刚组建不久，仅有两间小工作室，几张桌子和凳子，没有实验室，更没有基本的实验设备。现在回过头来看看，我也算是工程热物理研究室的元老之一啦。研究室一共有七位老师，借用现在比较时髦的话分为两个科研团队，我、郭晨海、姜哲在李老师的带领下，主要开展内燃机燃烧和振动噪声方面的研究，杨本洛、陆勇跟从王同章教授，开展煤的洁净燃烧和强化传热方面的研究。后来随着学校学科发展的需要，王同章和杨本洛老师独立出去成立了热能工程教研室（即现在的热能工程系），在煤气化燃烧、复合相变换热等领域取得了丰硕的成果；陆勇和郭晨海组建了摩托车研究所（现汽车摩托车研究所），在摩托车检验和质量技术监督等方面做得是风生水起，为江苏省摩托车行业的发展做出了很大的贡献，这些都是后话。

初试牛刀，开展降低涡流室式柴油机部分负荷油耗的研究工作

我到工程热物理研究室后开展的第一项研究工作，就是降低涡流室式柴油机部分负荷油耗的研究，S195 型涡流室式柴油机是具有中国特色、量大面广的一类柴油机。这类柴油机经过我国科研工作者的不断研究、改进，在标定工况下的燃油消耗率基本达到了国际先进水平，但对经常使用的部分负荷燃油消耗率的研究却不多，李德桃老师敏锐捕捉到了这一现象，在对涡流室式柴油机燃烧机理深入研究的基础上，开展了降低涡流室式柴油机部分负荷油耗的研究及在全国范围内的节能推广工作。经实验测定：在部分负荷下每小时可节油 4.5~19.7 克 /（马力・小时），同时还可以降低 20% 左右 NO_x 的排放。这项成果在全国范围内推广，据估算每天就可为国家节约燃油约 1 吨。

由于学校里实验条件较差，我们的研究、推广工作主要在企业里面完成。在 1984、1985 这两年里，我几乎有一大半时间是出差在外的。由于出差频繁，常常会错过发工资的日子，所以我的工资一般都是两三个月才领一次，为此财务处还把我列入了“黑名单”，每次去领工资时总是“嘲笑”我说：“小伙子蛮有钱的嘛。”

S195 型柴油机是我国制造厂家最多的一种柴油机，每个厂所生产的柴油机都有各自的特色，我们的节能方案也需要针对不同的厂家做适当的修改，所以我们的推广工作也异常艰巨，我至今

还保留着一盒子当时实验用过的镶块。当时我和郭晨海的配合是最多的，我们经常与企业的师傅们一起扎在实验室，探讨改进方案、进行实验验证。我们白天在实验室实验，晚上在宿舍计算、整理数据，郭晨海老师对实验一丝不苟、实事求是的工作态度，给我留下了深刻的印象。

节能推广当然有苦也有乐。记得有一次，李老师派我和孙颖大姐（孙颖是新疆八一农学院来我院进修的老师）去安徽阜阳柴油机厂进行成果推广，推广试验虽然艰辛，但节能效果非常显著，厂领导十分高兴，临行前专门为我们在食堂里摆了两桌庆功宴，几乎所有的厂领导和技术骨干都出席了。席上给我们介绍了中国十大名酒之一的古井贡酒，也让我第一次真正领略了中国的酒文化。还有一次，我去山东莱阳动力机厂做成果推广，正值莱阳梨上市的时节。以前只知道莱阳梨很出名，但在镇江要吃到莱阳梨是很困难的。我毫不犹豫地买了满满一旅行箱的莱阳梨扛了回来，乐坏了我宿舍的小伙伴们。

有了大量的实验和成果推广的经验，李老师又带领我们开展了涡流燃烧室的实验研究，在此基础上，我们申请了“涡流燃烧室镶块”国家发明专利，并在第二届全国发明展览会上获得了银奖，也为后续国家发明奖的获得奠定了基础。

自制实验设备，开展涡流室式柴油机热负荷研究

对内燃机热负荷的研究，一直是我比较关注的方向。记得在浙大学习的时候，严兆大教授就告诫过我们，热负荷过高是造成内燃机可靠性下降的主要因素之一，我的本科毕业设计课题就与此有些许相关。李老师回国后招收的第一个研究生孙平所做的课题，也是关于涡流室式柴油机传热系数与热负荷方面的研究。

由于实验条件简陋及实验经费紧张，课题的所有实验准备都是在办公室靠大家一起努力完成的。燃烧室温度场的精确测量是开展传热系数研究的首要条件，而热电偶是温度测量的主要工具。由于铠装热电偶体积大、价格高，不太适合内燃机温度场的测量，所以我们都是采用自制热电偶。自制热电偶需要焊机，学校没有这样的设备，李老师就派我到上海去采购，上海的北京东路与四川北路是全国机电产品的主要集散地，我花了整整两天的时间，一家门店一家门店地咨询，均没有找到合适的设备。当时听说上海柴油机厂做过类似的研究，正好我有浙大的同学在柴油机厂，我又找到柴油机厂技术科咨询相关问题。由于有同学的关系，他们也是很热情地接待我，功夫不负有心人，最终获得了一个重要的信息，他们实验所用的焊机是自制的，并将尚未发表的一份内部报告也送给了我。回来后，我主动请缨接下了自制热电偶实验焊机这个任务。从收集资料、设计线路图、绘制、蚀刻、焊接，没日没夜地忙活了一个月，终于完成了我的第一个作品“S-1250 型电容储能焊机”。为制作焊机的线路板，需要一种敷铜板，当时主管科研的副校长陈宝琛先生，还亲自给我们找来了这种难得的材料。领导为青年教师做科研服务的精神，令我十分感动。后来在王同章教授的撮合下，这项技术也进行了成果转化。现在回过头来看看，虽然这项技术还不够完善，但在当时确实解决了很多企业的生产之需。

有了自制的电容储能焊机，课题的研究进度就有了实质性的推进。我相继开展了涡流室燃烧室温度场、气缸套温度场、绝热与半绝热气缸套温度场的测量与传热研究，并在国际内燃机传热与传质会议上发表了我的第一篇学术论文。

我们的大部分实验，是在池州柴油机厂和九江动力机厂完成的。为了寻找合适的外协单位，李老师也是费尽了心思。实验可想而知是相当辛苦的，主要由我和孙平及外协单位实验室的师傅共同进行，一组实验基本需要3~4天，再加上实验准备时间，通常需要一周才能完成。在安装过程中，稍不注意就会造成偶丝扯断、脱落等现象，所以我们在设计实验方案的时候都会预留一些测点。由于热电偶输出的热电势很小，仅有几十毫伏，所以我们的测量仪表是借用的学校物理实验室的UJ–36电位差计。用过电位差计的都知道，这种仪表虽然测量精度较高，但使用起来却相当不方便，测量速度慢且读数困难。总要眯着一只眼来读数，一天下来最累的就是眼睛。

由于亲身经历了实验的艰辛，我又萌发了研发新的实验测量设备的冲动，并得到了李老师的大力支持。在两次的实验间歇，我设计并研制了“多路热电偶测量装置”。采用多路热电偶测量装置后，实验效率大幅度提升了，而实验强度也减轻了，原来需要两个人一天才能完成的实验，现在基本只需一个人一小时就能完成。

电容储能焊机及多路热电偶测量装置的试制成功，乃至后续为高速摄影机配备的同步装置（同步装置是高速摄影必备的实验

作者做高速摄影实验（1985年）

装置，当时如果从日本进口需要几千美金，我只花了十几元人民币），对我后来开展计算机测试技术与自动控制技术的研究，无论是在心理上还是在知识储备上都奠定了良好的基础。在此，我真诚地感谢李老师给我的鼓励和信任，敬佩李老师大胆让年轻人放手一搏的魄力和勇气。

跨单位协作，开展涡流室式柴油机燃烧放热规律的研究

涡流室式柴油机燃烧放热规律的研究，是中国科学院科学基金资助的课题，该项目研究的关键之一是示功图的精确测量。当时在我校内燃机实验室是有相关的测量设备的，但由于众所周知的原因，热物理研究室要使用这套设备是困难的，所以我们的测试实验又一次是在外协单位进行的。中国农业机械化科学研究院（以下简称“农机院”）当时引进了一套国际上最先进的 AVL-646 数字分析仪，并已在全国内燃机学术年会上发表了多篇论文。负责这套设备的正是李老师的好朋友林德嵩高工，初次接触林高工，给我的第一印象是高挑清瘦、谦逊和蔼，做事有条不紊。

我们的示功图测量得到了林高工和无锡县柴油机厂的大力协助，试验是在中国农机院进行的，无锡县柴油机厂也派出了技术员和实验员一同参与试验。试验也是一波三折，由于农机院没有匹配的 S195 型柴油机试验台架，所以我们的试验就从“武装”试验台架开始。当然，有林高工及农机院其他部门的配合，整个农机院实验室就像是我们自己的实验室，车、铣、钻、焊、钳，我把在大学金工实习所学到的知识在这用了个遍，干活用一个字概括那就是“爽”。从固定台架、引出排气管、接通循环水箱，一直到安装压力传感器、光电编码器，一气呵成，也就用了不到五天的时间，一个完整的 S195 型柴油机试验台架就完成了，现在回

想起来也是成就满满。

磨刀不误砍柴工，有了完备的试验台架，后续的测量就方便了许多。由于在学校就和李老师一起制订了详细的试验方案，又结合 AVL-646 的特点，和林高工一起讨论、优化了部分试验方案，所以测试过程就顺利多了。说是顺利，其实试验也花了近半个月的时间，中间没有一天的休息。当时正值金秋十月，是北京一年中最好的季节，也是香山枫叶红了的时节。来北京都二十多天了，一直忙于试验也没时间想别的，好不容易等试验都做完了，大家一合计准备第二天去香山公园欣赏红叶，彻底放松一下自己。没想到林高工却给我们提了一个小小的要求：试验既然做完了，总得有个总结报告吧。于是我又忙活了一个通宵，等第二天大家起床喊我出游的时候，我也刚好完成了试验总结报告。那天香山玩得虽也算尽兴，但香山红叶并没给我留下特别深刻的印象，也许是一宿没睡的缘故吧。等我后来再上香山，才真正感觉到香山之美，漫山遍野的红叶，掺杂着些许苍松翠柏，红绿相间，瑰奇绚丽。

作者与导师在无锡县柴油机厂合作召开燃烧系统与供油系统匹配评审会（1986 年）

克服重重困难，开展冷起动过程机理的研究

李老师总是给我们提起他在“文革”期间去宜兴县围湖造田的经历，其中柴油机的起动困难令他印象极为深刻。虽然中小型涡流室式柴油机对我国农业的发展起到了难以估量的作用，但它有一个缺点就是冷起动困难。有一次为了给滩涂排水，在 -6℃的环境下，李老师采取手摇起动的方法，愣是花了几个小时才把柴油机发动起来，为此还扭伤了腰部，落下了病根。因此，改善柴油机，尤其是涡流室式柴油机冷起动性能一直是我们研究的重点。为此，我们申请了国家自然科学基金项目——“涡流室式柴油机冷起动机理的研究”。那时我已经考上了李老师的研究生，师从李老师攻读硕士学位，我的研究方向就是涡流室式柴油机冷起动过程瞬态壁温的测量与分析。

柴油机冷起动过程中，由于壁面温度过低、散热量大、混合气温度低、不易形成着火点，造成冷起动困难。冷起动过程壁面温度场的变化情况在当时还依然是个谜，尤其是在冷起动过程中壁面温度的变化规律，以及对冷起动进程的影响，学界更是知之甚少。

开展冷起动过程燃烧室壁面温度研究，碰到的第一个难题就是瞬态壁面温度的检测。瞬态温度的测量通常都是采用薄膜热电偶，当时在国内能采购到薄膜热电偶的只有北京理工大学，由于是兄弟院校，经过交流沟通，他们非常豪爽，给了我们一个非常优惠的价格。但即使是半买半送，一只薄膜热电偶最少也要 2000 多元。根据初步的设计方案，我们布置的测点至少得有 10 个，光是薄膜热电偶的支出就要 2 万多元（整个课题的经费也就 2 万 ~ 3 万元），并且薄膜热电偶的抗冲击能力差、使用寿命短，显然该方案不可行。同时我们也走访了国内各大热电偶生产厂家，普通热电偶由于时间常数大，满足不了动态测量的要求。项目的研

究必须按进度完成，而且我的研究生课程也基本结束了，壁面温度对冷起动性能的影响依然挥之不去，经过查阅大量的资料，我们开始尝试新的测试手段，利用热电偶的基本特性来测量壁面瞬态温度。经过反复推演和试验验证，我们首次提出了“壁面热电偶”的概念，有效地解决了燃烧室瞬态壁温的测量问题。

由于学校没有低温实验室，租借低温实验室的费用又太高，所以冷起动过程瞬态温度的测量只能在自然环境条件下进行。1990 年，我们又赶上了一个不太冷的冬天，勉强能够符合冷起动试验的条件，为了获得尽可能低的冷起动温度，我们把所有的试验都安排在凌晨气温最低时进行。试验是在老内燃机实验室做的，由于实验室的大门钥匙只有一把，为了彼此方便，我们约好采用连环锁的方式。有一天凌晨，气温特别低，正是做低温试验的绝好时机，可一到实验室门口，发现门上了锁，而我们的锁却不见了。如果等到上班时间再做试验，就错过了最佳的试验条件，怎么办?爬气窗。为了尽可能地让实验室的温度和环境温度相近，我每天下班之前都会把所有的气窗打开，这下倒起了大作用，通过爬气窗进入实验室，完成了当天的试验。从后来数据回放的结果来看，这天的试验是最令人满意的。

瞬态温度的记录又是另一个必须解决的难题，当时计算机数据采集技术刚刚发展起来，抗干扰技术与动态数据采集技术尚不完善，无法实现现场的数据采集。于是，我们采用当时比较先进的日本TEAC模拟磁带记录仪(有点像盒式磁带录音机)现场记录，然后再通过回放、A/D 转换，获得瞬态温度。试验还算顺利，经过一周左右的测试，我们已经记录下各种冷起动工况的壁面温度的变化信息，真是谢天谢地！试验一结束，天气也开始逐渐转暖了。

接下来的问题就是瞬态温度的数据采集，这次我们是与华东工学院（现更名为南京理工大学）合作，开发了计算机数据采集系统。经过五个多月的努力，时间已至1991年的初夏。我清楚地记得，那年整个长江流域正发着洪水，南京城就好像笼罩在倾盆大雨之中。我把自己关在华东工学院的实验室，一边敲打着键盘，一边更换着磁带和软盘，欣赏着软驱运转发出的“吱吱”声以及指示灯的一闪一闪，加上外面淅沥的雨声，仿佛是在欣赏一首田园交响曲。随着软盘数量的不断增加（达到了200多张），我们的测试数据终于出来了。但当计算机屏幕上显现出试验曲线时，我却高兴不起来了。

作者与导师一起讨论冷起动瞬态温度处理过程中的问题（1991年）

各种干扰噪声完全湮没了有用的信号，根本看不出温度变化的规律，试验彻底失败了。分析原因，主要是试验时忽略了一个重要的因素，我校的老内燃机实验室始建于1960年，不知是当时的电工水平有限，还是后来改造接错了线，把电源的零线和地线混接在了一起，使整个实验室都处于“带电”状态。而热电偶测量又必须是接地测量，所以在这种环境下试验，不产生干扰那才叫怪。怎么办？现在的气温已经接近30℃，在无低温实验室的情况下想做冷起动试验那是根本不可能的，只有等来年再做试验。但重做试验已不可能，那就只有在现有的数据上寻找答案，其间试验了各种数据滤波及数据处理技术均无济于事。在连连受挫的逆境中，经过一个多月没日没夜地查找资料、设计算法、反复试验，利用先前积累的频谱分析技术，终于将完全湮没在干扰噪声中的壁面温度信号提取了出来，为涡流室式柴油机冷起动过程燃烧室瞬态壁温的分析奠定了基础。通过计算分析，我们揭示出柴油机冷起动过程壁面温度的变化规律，并首次提出了涡流室式柴油机

师生合影（1991 年）

工程热物理研究室在一个小办公室为毕业设计的学生开茶话会（1991 年）

冷起动过程燃烧室瞬态壁温变化的四个阶段。

经过这几年的努力和拼搏，在各种艰难困苦的条件下，通过跨学科、跨单位、跨地区的科研合作，我与工程热物理研究室一同成长起来。先后完成了多项国家自然科学基金、中国科学院科学基金、机械工业部科研基金等资助项目，我们的“低油耗、低污染、低爆压的柴油机涡流燃烧室”，获得了国家发明四等奖，我也在1992年获得了机械电子工业部“优秀科技青年”的奖励。这些成绩和荣誉的获得与李老师的鞭策和教导是分不开的，在此，我真诚地感谢我的导师李德桃教授。

后来，由于学校科研政策的调整，倍感压力重大，加之自己的兴趣使然，我逐渐转向横向科研协作，与李老师的科研合作也随之减少。这是我人生的一大憾事，也是我在当时环境下迫不得已的选择。经过多年的努力，继续发扬和践行“四跨”合作精神，我在工业自动化、国防军工、通信调度等领域与企业进行了深度合作，取得了多项科研成果。这些成绩的取得也得益于与李老师的这段科研经历。

作者简介

单春贤（1963—），江苏大学教授。1984年毕业于浙江大学，1991年获江苏大学硕士学位，1992年获机械电子工业部“优秀科技青年”称号，曾获国家发明奖和省部级科技进步奖多项，主要从事工程热物理测试技术和计算机智能控制理论的研究与开发，并有多项成果成功应用于行业生产中。

先生的教诲始终伴随我职业生涯

吴志新

我于1980年考入机械部部属高校洛阳工学院内燃机专业，1984年完成大学本科四年的学习，师从周松筠教授，完成了毕业论文《内燃机高次方配气凸轮型线研究》，获得内燃机专业工学学士学位，并获得机械工业部“优秀大学毕业生”称号，进入洛阳拖拉机研究所发动机研究室工作。在洛阳拖拉机研究所工作的三年里，任助理工程师，主要从事柴油机的结构设计和试验研究工作，先后参与了TY1100、TY295、TY395、TC387、TC487、TC495柴油机的设计开发工作，从实习生逐渐成长为技术骨干，成为发动机研究室的拔尖的工程技术人员。因工作成绩突出，1987年所里推荐我参加吉林工业大学的硕士研究生考试，最终成功通过全国统一考试，成为全脱产、带薪在吉林工大汽车学院内燃机系的硕士研究生，师从孙济美教授和李厚斐教授（洛阳拖拉机研究所副总工程师），经过三年时间的艰苦学习，完成LD495高速直喷柴油机燃烧系统的研究论文，获得了工学硕士学位，怀着对单位的感恩之情，谢绝了孙济美教授要我攻读博士的建议，回到了洛阳拖拉机研究所发动机研究室，在李厚斐总工程师的带领下，继续从事先进柴油机的研究开发工作。在此后的近四年的时间内，晋职为工程师，作为主要参加人或课题组长，完成了390柴油机直喷式燃烧系统的开发和优化匹配、上海内燃机厂

TS375 高速直喷式柴油机的开发。1994 年 4 月，考入江苏理工大学（今江苏大学），在李德桃教授的指导下，开始了三年多的博士研究生生涯。

李德桃教授是改革开放后出国留学，在国外拿到博士学位后归国的我国内燃机领域著名的学者，深受学界景仰，师从李先生是一件非常值得骄傲的事情。在江苏大学三年多的时间里，对李先生的了解逐渐加深，知道他放弃了国外优厚的待遇和科研条件，毅然回到祖国为国效力；知道他放弃了做镇江市领导的选择，执着于科学研究；知道他在江苏大学非常艰苦的生活条件和工作条件下，依然无怨无悔，不放弃对科技创新的追求；感受到他治学的严谨，更感受到他艰苦朴素、平易近人的大家风范。我从先生身上学到了坚忍不拔、永不言弃的精神，学到了他坚持真理、厚德载物的高尚品德。在江苏大学的三年，除了学到了科学知识、培养了创新能力外，更坚定了自己对科学、对生活的态度，真正

作者回母校做电动汽车报告时与两位导师李德桃（中）、顾子良（右）合影留念（2012 年）

树立了人生观、世界观和价值观。在江苏大学的这段人生经历，在其后告别江苏大学、离开先生后的 20 多年的时间里，对我的发展影响很大，也影响了我自己的人生。

1997 年 5 月，我在江苏大学获得了工学博士学位，进入了中国汽车技术研究中心（以下简称“中心”），是“中心”的第三位博士。“中心”是我国汽车行业的技术归口单位，是一个占位很高的大平台，迄今，在“中心”21 年的时间里，自己在各方面都取得了一些成绩和进步，回想起来，在江苏大学先生那里获得的教诲和影响，起到了很大的作用。

首先是自己的管理能力得到不断的提升。在 1997 年至 2001 年 3 月接近 4 年的时间里，我就职于“中心”试验所汽车排放技术研究室任高级工程师、副主任，创建了清洁汽车研究室，任主任；2001 年 3 月，调任“中心”汽车标准化研究所任副处级总工程师、教授级高级工程师，同年 11 月，调离标准所，创建了“中心”的电动汽车研发中心，任主任，并行创建了天津市电动汽车研究中心，任主任，并创建了科技型公司——天

中国汽车技术研究中心研发的电动汽车（2008 年）

津清源电动车辆有限公司，任总经理，同时兼任全国汽车标准化技术委员会电动汽车分技术委员会秘书长，后任主任委员，承担了大量的“863 计划”电动汽车重大专项的科研工作，从内燃机的研究转向了完全陌生的电动汽车技术领域。在之后 10 年的工作中，在科研、产业化、经营方面取得了优异的成绩，公司成为全国电动汽车领域的标杆；2010 年 6 月，“中心”的上级单位——国务院国有资产监督管理委员会，在“中心”开展中心干部的竞聘上岗，通过激烈的竞争，我被选聘为中国汽车技术研究中心副主任（副厅级），分管“中心”科研处、盐城试车场，同时兼任天津清源电动车辆有限公司的董事长，走上了央企科技管理的工作岗位。

其次在科学研究方面为国家做出了自己应有的贡献。1998 年，协助国家科技部等 13 个部委，成功启动了“全国蓝天工程——清

作者在洛杉矶与电动汽车合作伙伴合影（2008 年）

洁汽车行动”，作为参与该行动策划的主要工程技术人员，牵头完成了清洁汽车行动的总体规划、项目规划、项目指南研究编制工作，为国家领导、科技部领导起草了启动大会的主旨讲话，为我国清洁汽车的发展确定了基调；与总体专家组专家一起，完成了全国清洁汽车行动示范城市的总体布局，为我国天然气汽车、液化石油气汽车的技术创新和产业发展，贡献了自己的智慧和力量。其间代表“中心”承担了多项清洁汽车领域的攻关项目，取得了诸多科研成果，制定了近 40 项国家标准和行业标准，支撑了产业的发展。2000 年，国家科技部筹划电动汽车重大专项，我又有幸被选入重大专项战略规划专家组，在科技部领导下，与后来任科技部部长的万钢教授等13位专家一起，完成了我国“863计划”电动汽车重大专项的战略规划工作，制定了“十五”《863 技术电动汽车重大专项规划》《项目指南》，推动了我国电动汽车的起步和发展。在之后 18 年的时间内，作为总体专家组专家，完成了“十一五”“十二五”“十三五”新能源汽车重大科技项目的规划、组织工作，作为主要成员，完成国务院颁布的《节能与新能源汽车产业发展规划（2012—2020）》等一系列重要政策的研究、制定工作。作为项目组长承担并完成了十余项新能源汽车的重大攻关项目，作为电动汽车标准化委员会主任，组织行业专家完成近百项新能源汽车的国家标准和行业标准的研究制定。荣获“改革开放三十年突出贡献专家”“天津市电动汽车领域授衔专家”“汽车工程学会常务理事”“中国汽车工程学会会士”等荣誉称号，享受国务院特殊津贴。

现在，我已经年过五旬，与当年追随先生时先生的岁数差不多，距离退休还有几年的时间，希望自己在今后的人生中，如先生一样，能为国家做出更大的贡献。

作者简介

吴志新（1964—），中国汽车技术研究中心副主任，教授级高工。1984 年毕业于洛阳工学院，1997 年获江苏大学博士学位。国务院特殊津贴专家，天津市电动汽车领域授衔专家，中国汽车工程学会常务理事。湖南大学、天津大学、合肥工业大学、北京航空航天大学兼职博士、硕士研究生导师。

问渠那得清如许
为有源头活水来

黄跃欣

2018 年 6 月，我终于来到阔别了二十三年的江苏大学（原江苏理工大学），再次见到了我敬爱的导师李德桃教授和师母。上次跟导师和师母见面是在美国洛杉矶，一别已有十四年的光景。今年 1 月，在天津的师兄黎苏（河北工业大学能源与环境工程学院教授），发来一张他到镇江探望李教授时的合影，我们相约等我下次回国一起去镇江探望李教授。这次黎苏因为与他的研究生答辩的时间冲突没能成行，尽管这样，他还是在我出发去镇江的前两天，专程从天津赶到了洛阳来见我。那是个高温天气，黎师兄不顾长途旅行劳累跟我长谈至深夜，并让我转达对李老师和师母的问候。师姐朱亚娜（湖南奔腾动力科技有限公司高级工程师）得知我要去镇江探望导师李教授，当即表示她和先生要与我一同前往。初夏的一天，我们终于见到了久违的李教授和师母。在教授家里我们聊了很久，看到教授和师母都很健康我们深感欣慰。谈话间喜闻李教授正集结团队的同仁们一起著书，介绍大家在发动机领域学习和奋斗的经历，总结各自职业发展的心路历程。席间李教授也对我发出了约稿的邀请。那天我们从过去师生们一起时的种种往事谈到毕业之后几十年各自的经历，从工作到生活，方方面面，师生尽欢，聊得都忘了时间。在江苏大学的两天，时任江苏大学能源与动力工程学院院长、我的同门师兄弟王谦教授得知我们到来，非常热情地接待了我们。虽多年未见，但一见面我们犹如回到了当年，有说不完道不尽的求学趣事。

我是在1992年去江苏理工大学硕士研究生调研时第一次结识李德桃教授和王谦师兄的，那时王谦已报考了李教授的博士生，一年以后我也有幸成为李教授博士生团队里的一员。记得最深的是李教授当年的话，“我们这个团队有来自各个地方、不同单位、不同学科的人，大家要像一家人一样互相帮助、共同进步，希望大家能够在科研上每天上一个新台阶”。这么些年一路走来，我深刻体会到团队合作、锐意创新并协同努力的重要。即便是后来到国外发展也经常能够获得导师和师兄们的支持和帮助。比如师兄彭立新（现康明斯副总裁兼康明斯中国首席技术官）、薛宏（现加州州立理工大学工程学院教授）在我从事的特种发动机研发工作中给过我很多专业的指点和建议。朱亚娜、夏兴兰（现任无锡油泵油嘴研究所首席科学专家、教授级高工）也都通过各种途径给我提供了无私的帮助。想到我正是受到李教授及团队的各位师兄们在专业方面不断地帮助和提点，才能在学科领域里有所收获和发展，这里想借用朱熹的名句“问渠那得清如许，为有源头活水来”来表达我的感受。

李教授很早就提出科研团队的跨界合作，我和王谦读博期间是在不同的大学学习，他在江苏理工大学，我在湖南大学。1995年，我们同时去天津大学内燃机燃烧学国家重点实验室做访问学者，共同完成李教授牵头的科研课题的试验工作。多年以后再回忆起来，在天大的科研工作经验使我终身受益。那时和王谦一起合作完成从发动机的台架图纸设计到加工，从搭建台架到完成柴油机缸内气体激光多普勒仪测试的全部工作。这些经验对我2004年到美国先进发动机技术公司筹建测试OPOC（对置活塞对置气缸）发动机实验台架的工作是有很大的帮助的。在天津大学时，我还

参观密歇根大学安娜堡分校汽车研究中心发动机实验室
（左起王谦、黄跃欣、李德桃、彭立新）（2000年）

有幸聆听过史绍熙教授（中国科学院院士，当时是天津大学内燃机燃烧学国家重点实验室主任）的讲座，旁听了美国博士后来实验室做的喷雾燃烧的学术讲座，还如饥似渴地抽空钻到重点实验室的资料室翻阅各种国内最新的发动机资料。这段时间的学习让我的思维开阔了许多，也使我对内燃机领域的高层次研究有了进一步的认识。后来我又多次到江苏理工大学和当年在团队里的王谦、吴志新（中国汽车技术研究中心副主任、天津大学电气与自动化工程学院控制理论与控制工程专业教授）、夏兴兰、董刚（南京理工大学瞬态物理国家重点实验室研究员、博士生导师）等一起工作；吴志新、熊锐（广东工业大学机电工程学院教授）、杨文明（新加坡国立大学机械工程系教授）等师兄弟也有过来湖南大学和我们一起工作。那段时间里，我从他们身上学到了很多东西，通过交流我们对彼此共同的或者不同的研究项目都有了更多的认识。1998 年，我出国工作并定居，至今整整二十年了。这些年遇到过许许多多的事，有酸甜也有苦辣，有幸运也有艰辛，到现在还可以为自己所从事的工作感到骄傲和欣慰，真心地感谢当年有缘能够成为李德桃教授团队的一员。

初到加拿大，我开始并没有找到发动机方面的专业工作，而是在一家热能和压力仪器仪表公司工作。在那里我操作过车床、刨床，从事过烧焊和喷漆工作，做过产品检验和仪表校对，从设计仪表面板做到电脑绘图，样样工作都做。每天早上出门，我都会告诫自己今天一定会比昨天做得更好，就是在那么辛苦的工作环境中，自始至终都对未来充满着希望。2000 年李德桃教授访美来到底特律，我闻讯后赶到底特律与其相会。在那里我还见到了彭立新（我在湖南大学读本科时的学长，专业课老师）和来底特律做访问学者的王谦。当陪同李德桃教授一行参观密歇根大学汽车研究中心时，我再次闻到了久违的发动机实验室的味道，也萌发了到美国发展的念头。2004 年初，由于李德桃教授的大力举荐，彭立新介绍我进了美国先进动力公司工作。我被派往美国加州圣塔芭芭拉分部，负责筹建发动机实验室的工作。从那时开始，我和 OPOC 发动机结了缘。在公司面试的时候，我首次见到 OPOC 发动机之父、原德国大众动力总成主任皮特·霍夫鲍尔教授，我们不仅谈了内燃机，还因正好路过一个叫斯特灵海茨的城市，我提起来斯特林发动机的话题，没想到霍夫鲍尔教授对此非常了解，我便借机介绍了自己曾经做过的斯特林发动机方面的研究工作。这又为后来我协助霍夫鲍尔教授在维勒米尔循环（Vuilleumier cycle）基础上开发自由活塞式（free-piston）热泵留下了铺垫。

作者在美国先进发动机技术公司的发动机实验室（2004 年）

OPOC 发动机是一种全新的完美对称布置的发动机，它汲取了对置活塞发动机高强度、对置气缸发动机动力平衡的优点，同时摒弃了对置活塞发动机双曲轴以及过大燃烧力作用在主轴承上的缺点，它利用内外活塞开启进排气口，造就了非对称进排气定时，这为扫气过程提供了有力帮助，从而使得发动机排放得以控制。通过合理的设计，OPOC 发动机左右两个气缸里活塞等运动件可以很容易做到往复惯性力的平衡。我初入公司时负责实验室工作，搭建试验台，订购测试仪器，制订试验方案、分析试验结果。经历了一个新产品从图纸到加工生产再到样机试验的过程。当我为第一台 OPOC 发动机点火成功庆祝的时候，我内心的喜悦一如当年在江苏理工大学为涡流室式柴油机气缸动力分析程序调试取得成功庆祝时的心情一样。在加州我参与完成了小缸径 S30（30 毫米缸径）发动机的样机试验工作，紧接着开始配合中等机型 M100（100 毫米缸径）的研究工作。

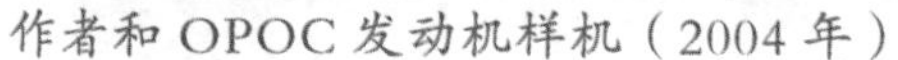
作者和 OPOC 发动机样机（2004 年）

作者在 OPOC 发动机试验现场（2005 年）

2008 年新的公司亿科动力（ECOMOTORS）成立，公司总部迁至底特律，OPOC 发动机由军品转民用，开始新一轮的设计。我也于 2010 年搬到底特律。经过 GT–Power 的培训，我的工作重心转移到了发动机一维分析上。与研发团队配合完成了 M100 机型的进排气系统设计参数的优化匹配。在此期间，原美国 FEV 公司分析研究部经理、后来回国到湖南大学工作的刘敬平教授给予了我们极大的帮助。后来公司扩大，决定筹建 CAE 团队，我受命领导发动机分析和模拟计算部门。先后完成了两个不同缸径（EM100, EM68）柴油机、汽油机的各项分析工作。从机械结构的动力计算到进、排气系统的气体动力学分析，从滑动轴承的流体动力学分析到滚动轴承的动力学分析，从主要零部件的静态、准动态结构分析计算到整机的振动模态分析，从传热分析到整机能量平衡计算，从进、排气系统气体动力学计算到缸内燃烧过程分析和燃烧室开发，涵盖了整个发动机开发的各个环节，这对从事发动机研究的人来说算是很难得的经验。

作者在电子辅助涡轮增压器（ECT）试验现场（2017 年）

当一个系统工程启动并具体到每一件工作时，其实很多领域自己开始也并不熟悉，比如对材料的高温特性不是很了解，以前也没有做过零件的疲劳计算，等等。另外，对于新的特别设计也是需要从头开始学习并深入研究的。其实人的潜力是无限的，不断地学习、不断地探寻解决方案，最终技术难题都会一个一个得到解决。我当时面临的是多学科交叉的科研环境，公司团队人员来自多个国家，有德国的、中国的、印度的、伊朗的，以及非洲国家的，有着不同层次的教育背景，博士居多，还有博士后、硕士和本科毕业生，每个人的性格和文化背景迥异，专业学科不同，学机械的、力学的、材料的、传热传质的、摩擦润滑的，等等。如何把大家拧成一股绳、朝着一个目标前进成了我职业生涯中遇到的又一次挑战和机遇。每当我工作中遇到困难时，常常会想起当年李教授对我们的教诲，一个团队要勇于创新，大家要互相帮助协同努力，我也一直践行着导师的团队建设理念。值得庆幸的是，我的工作得到了公司领导层的支持和各部门同事的协助，研发过程中虽然遇到了各种各样的问题，但我们的团队始终保持乐观，合作愉快。直到现在，我也还是可以很骄傲地回忆那段时间的工作。

在加州工作的一段时间里，我还参与了皮特·霍夫鲍尔教授的另外一项专利 microsol 的开发，这是一个无火焰燃烧发生在金属丝表面的靠辐射传热的加热器。由于早年求学时打下的扎实的燃烧学基础，我在加入该项目后很短的时间内就成功地开发出了以天然气、液化气及柴油为燃料的试验样机，验证了霍夫鲍尔教授的设计理念。也是在该项目的基础上，后来我们进一步将其应用到前面提到的在维勒米尔循环基础上的自由活塞式热泵上，作为热源。这又是一个新的课题、新的思路。我在 2013 年初利用 GT–Power 计算工具展示了该机型热力过程的 p-V 图、呈现了其较高的效能优势，并协助霍夫鲍尔教授和另外的合伙人获得了早期的天使投资和后来的美国能源部等的资助。这就有了现在我效力的公司 ThermoLift。我们目前正在开发一种在低温环境下仍能高效制热的燃气热泵，它同时兼有制冷功能。维勒米尔循环其实是利用了斯特林循环的热机，这里有三个腔体，高温腔、中温腔和低温腔。每个腔体内的介质都完成由两个定容过程和两个定温过程组成的热力循环。利用独特的设计我们最大限度地控制各个腔体内介质的容积变化，进而开发比传统维勒米尔热泵更高密度和更高热效率的新型热泵。这又是新的课题和新一轮的挑战，在这里我负责整机的分析计算，领导着来自不同地区、不同国家的科技人员，一起合作。我们的工作重心由几年前开始时的热力学动态计算转到了非常具体的零部件热负荷计算、传热计算、疲劳计算，以及机子零部件的设计参数优化设计。这个时候我的思路也发生了变化，我的目标是领导和培养一个技术团队，而不是事事亲力亲为了。年轻人有活力、学习新知识快，缺乏的是对未知领域的准确判断和对大的方向的掌握，这些就是我需要给他们提供的帮助。我深刻认识到对团队成员的信任和鼓励才能使得大家充满信心并全力投入工作。想想当年我年轻的时候，李教授不就是这样对我们的嘛！ 返回美国已经一个多月了，这一个月我的工作非常紧张和忙碌，去年设计的第三代样机在实验室做性能评估和寿命考核，每一次的实验都是探索和纠错的过程，从失败中发现问题一步步向成功迈进，很欣慰每天的工作都有新的进展。科研工作也是有时顺利有时艰辛，抱有一种享受它的心态就会很乐观。

人生是一次航行，在不同的时刻会遇到不同的人，我有幸在求学期间与李德桃教授的团队结缘，才有了以后不一样的人生。从李教授身上、从团队每一个成员身上汲取的养分使我受益终身。问渠那得清如许？为有源头活水来！在感恩的同时，我也愿意并期望在未来的日子里像李德桃教授一样成为后辈成长的助动力，也渴望李教授开启的这股泉水源源不断地流淌，造福后人、造福世界。

作者冬季在密西根滑雪的留影（2017 年）

作者简介

黄跃欣（1965—），美国 ThermoLift Inc. 公司分析部主管。1988 年本科毕业于湖南大学，1997 年获湖南大学博士学位。1998 年之前在国内参与李德桃教授负责的国家内燃机重点实验室科研项目，以及多项与企业合作的横向科研课题。之后在加拿大和美国从事多项机械产品生产、检验和新产品研发工作。拥有丰富的对置气缸对置活塞发动机、电子辅助涡轮增压器、无火焰超低排放燃烧器及天然气驱动集制热与制冷一体的新型热泵等新产品的研发工作经验。

与“四跨”团队同发展

王　谦

借助 V 字队形，整个雁群比每只雁单飞时至少增加 71% 的飞行距离。同样，与相同目标的人同行，能更快速、更容易到达目的地。

江苏大学工程热物理“四跨”团队正是这样一支奋力前行的雁群，迄今已飞过了 36 个春秋。特殊、艰苦的环境，成就了“跨学科、跨单位、跨地区、跨国界”的团队特色，我的导师李德桃教授正是这支团队最早的领头人。幸运的是，我也成了这支雁群中的一只——“四跨”团队的一员。

初识我的导师李德桃教授，是在 1990 年大学毕业那年。那一年全国高校统一实行研究生保送制，作为当时全国 88 所重点大学之一的江苏工学院（今江苏大学）也不例外，而我很幸运地以全系第一名的成绩、机械工业部“优秀毕业生”的称号获得了保送资格。接下来，便是寻找学校内燃机方向的导师。很巧的是，当年同宿舍的田东波同学（两年后也成了我们的师兄弟）认识李老师，很自然地，将李老师介绍给我。李老师是内燃机界的著名学者，是我国最早一批获得内燃机专业国外博士学位的学者之一，是涡流室式柴油机研究领域的顶级专家，于是我欣然接受了田东波同学的推荐。

和李老师第一次见面是在他的家里，简朴的二居室里弥漫着书香味。李老师亲切和蔼，没有任何大教授的架子，语重心长地询问了我的学习情况和家庭情况，最后一句“非常欢迎你来我们工程热物理”，让我正式成为李老师的学生，也开启了我和工程热物理团队的缘分。至今还记得刚入师门不久，李老师就推荐我读《爱因斯坦传》，让我感受和学习伟大科学家的优秀道德品质和爱国情怀。在随后的岁月里，我不断加深了对李老师和他领导的团队的了解，自己也不断和团队一起成长和发展。

作者和导师李德桃教授（1993年）

工程热物理团队所在的动力系工程热物理研究室是1982年机械工业部特批设置的研究室，但当时研究室的条件差，除了用机械工业部下拨的经费购置的一台机械式高速照相机外（我1990年硕士入学的时候基本使用不了），几乎没有像样的实验设备和实验台架。艰苦的实验条件没能阻挡工程热物理科学研究的进行，李老师和团队不退缩，迎难而上，拓展渠道，创造条件干，取得了包括国家发明奖在内的一批夺目的科研成果。令我印象最深刻的是那个年代李老师面对科学研究所表现出的前瞻性和开创性思维，提出了“四跨”团队的发展思路，很多做法至今都是高校极力提倡的。

跨学科，发挥成员专长

工程热物理团队以涡流室式柴油机的空气运动、油气混合、燃烧为重点方向，积聚了一批内燃机专业的师资力量。但李老师特别注重联合系里流体力学、热工等方向的老师共同开展课题攻关。他经常说，内燃机是一个涉及多专业的研究领域，与流体、传热、热工、化学等密切相关，只有充分发挥相关专业人才的特长，共同攻关，研究才能做得深入。所以最初的工程热物理研究室就是由热物理、热能、热工等不同专业背景的教研室人员组建而成的。当时我的硕士、博士学位论文内容都是针对涡流室式柴油机的空气运动规律展开的，除了内燃机专业的朱广圣师兄外，李老师还专门为我找了流体力学教研室的罗惕乾教授和顾子良教授，为我的论文研究提供指导。罗老师是英国卡迪夫大学的访问学者，有着深厚的流体力学功底和娴熟的流体测试技术。顾老师毕业于西北工业大学，空气动力学理论强。在他们的指导下，我很快入门于内燃机与气体流动的交叉领域。我硕士论文中有关 LDA 激光测试实验是在流体力学实验室进行的，这里还有一段小插曲：我们在拆卸缸内流动测试实验台时，由于实验设施差，三角葫芦吊突然垮塌，几吨重的钢板差一点砸到在场的人员，包括几位来帮忙的师兄弟——师兄熊锐博士、师姐严新娟的爱人周锦生老师等，现在想起来都能惊出一身冷汗。用生命做科研，这句话有时候一点都不夸张！尽管实验过程艰难，但在李德桃老师和罗惕乾老师、顾子良老师等跨学科的团队成员指导下，我仍然按时完成了硕士论文的工作，并在 COMODIA 国际燃烧会议上发表了论文，还得到了日本京都大学池上询教授的认可（这点在当时还是很不容易的，得益于李老师跨国界的合作）。

跨单位，利用他山之石

李老师是当时整个江苏工学院少有的国家自然科学基金项目获得者（2~3 个）之一，但由于很差的实验条件，迫使李老师团队不得不借助外校资源，从而走上了跨单位合作之路，这在当时是不得已而为之，算是另辟蹊径。李老师四处奔波，凭借个人的学术影响力，先后与当时的天津大学、南京航空航天大学、湖南大学、南京理工大学、吉林工业大学、北京理工大学等著名高校的相关教授开展合作，这里的合作其实更多的是借助对方的实验条件。但这种跨单位关系的建立，为团队后来与这些高校进一步深入交流合作奠定了很好的基础。

这种跨校合作，让我最受益的是博士论文的实验测试工作。博士期间的论文实验由于校内的LDA设备的激光功率低、信号弱、数据采集频率低等诸多因素，测量工况和测量数据的局限性很大，进一步的实验研究必须采用先进的LDA仪器。当时，天津大学拥有内燃机燃烧学国家重点实验室，李老师是重点实验室的学术委员会成员，同时也承担重点实验室的开放课题。在得知LDA测试设备是由刘书亮教授带领下的团队成员负责后，李老师通过时任重点实验室副主任傅茂林教授与刘教授对接上，经过多次商讨，对方同意我们使用LDA测试设备开展研究工作。1994年的夏天，我第一次去天津大学。我和田东波两人一起拖着实验用的气缸盖，冒着正午的烈日走过了从天津大学正门到内燃机燃烧学重点实验室的那段难忘之路。经过李老师的多方协调，我正式进入燃烧学重点实验室并着手实验工作则是在1994年10月，已近北方的初冬。实验台架的搭建是最困难的工作，当时的条件下必须自己动手，从图纸设计到购买、切割钢材，由焊工焊接，再由自己安装调试，等等，我一个人是无论如何也做不成的，不像现在可以很轻松地交给企业或者加工厂来做。此时，跨校合作的优势又一次体现。李老师是湖南大学的兼职博士生导师，在湖南大学入学的师弟黄跃欣博士恰好也从事内燃机流动方面的研究，李老师便安排黄跃欣专门从湖南长沙赶到天津大学帮助我一起开展实验。我清晰地记得我们自己用砂轮切割机切下第一根角钢的情景，自己搭建的第一个内燃机台架终于可以运行的时刻，以及得到第一个精确测试结果的喜悦。在冬季的天津，整整三个月，我和黄跃欣两人住在职工公寓，一起买菜做饭，一起购置实验零部件，一起早出晚归地进行实验。在实验接近尾声的时候，由于黄跃欣有急事返回了湖南大学，李老师又让吴志新博士（现任中国汽车技术中心副主任）来天津帮我继续实验工作，又经过了大约一周的紧张实验，终于在1995年的春节前完成了LDA测试实验。尽管当时的条件艰苦，实验工作有时还显得一筹莫展，但这段合作经历给我们三人都留下了深刻的印象。1999年我在美国遇到黄跃欣博士，以及2018年他和师姐朱亚娜一起来江苏大学、吴志新博士回母校交流的时候，谈及此事，大家回忆起来都如在眼前，对当时结下的友谊倍感珍惜。

凭借这种跨校合作，我顺利完成了博士学位论文《柴油机涡流室内空气运动的LDA测试与数值模拟研究》，同年获得工学博士学位。更令人高兴的是论文还被评为了“江苏省首届优秀博士学位论文”。与此同时，我借助实验结果，在《内燃机学报》《内燃机工程》《汽车工程》等当时国内权威期刊发表了多篇论文，于1998年被破格晋升为副教授，这在当时的江苏理工大学是不多的。

在天津大学的实验室工作期间，我很幸运地认识了很多内燃机界的前辈和同行。例如，当时重点实验室主任史绍熙院士，还有傅茂林教授、刘书亮教授、原《内燃机学报》主编史连佑教授、许斯都教授、苏万华院士等；还结识了当时帮助我们实验的李玉峰博士（现任北方发动机所首席科学家）、谢晖博士（现重点实验室副主任），以及当时也在天津大学开展实验的山东工业大学的王志明博士等。

跨地区，开展联合培养

科研做在企业里，这句话用在李老师身上一点也不夸张。早期的涡流室式柴油机的研究就是李老师扎根常州柴油机厂，克服种种困难和阻挠，与工人师傅们一起日夜试验，大胆创新做出来的优秀成果。该研究使柴油机转速达到 3000 转 / 分，发明的涡流式燃烧系统获得国家发明奖。

由于当时工程热物理研究室实验条件的限制，尽管对接企业培养研究生也是不得已而为之，但这在当时的江苏理工大学是开了先河。对于今天而言，这种做法是具有前瞻性的。记得第一个联合培养的研究生是师妹曹茉莉博士，由于曹茉莉的课题是关于内燃机热负荷和强度有限元分析，是当时的研究热点之一。但团队的研究条件缺少相关的分析软件和高性能的计算机（所谓高性能当时也就是 486 之类），李老师反复斟酌，最后决定和无锡油泵油嘴研究所进行联合培养，所长朱剑明也是非常具有远见的内燃机专家型领导，立刻答应了此事，并为曹茉莉配备了一切研究硬件条件，还专门指派企业高级工程师给予指导。联合培养的结果是非常好的，不仅顺利完成了博士论文，还为无锡油泵所解决了工程问题，受到答辩专家的一致好评。曹茉莉博士应该是江苏理工大学第一个正式与企业联合培养的博士，在倡导校企合作的今天，起到了很好的引领作用。

随后的岁月里，工程热物理团队一直和无锡油泵油嘴研究所保持着良好的合作关系，之后的夏兴兰博士到无锡油泵油嘴研究所攻读博士后，在内燃机模拟计算领域做出了突出成果，出站时被授予无锡市市长“金钥匙”奖，现任无锡油泵油嘴研究所计算部部长和首席科学家；师兄弟中河南科技大学能源与动力工程学院院长吴建、邵阳学院研究生院院长袁文华等当年都在无锡油泵油嘴研究所培养过。更年轻的研究生，包括联合培养的博士生段炼，硕士生黄俊、吴小勇等后来都去了无锡油泵油嘴研究所学习和工作。李老师采用校企培养相结合的方式培养了很多优秀的研究生，因此被评为江苏大学第一届五位杰出研究生导师之一。除了无锡油泵油嘴研究所外，今天的工程热物理团队和更多的企业有了人才培养和科研方面的合作，这种合作带来了双赢。

部分同门受邀到无锡油泵油嘴研究所交流（1997 年）

跨国界，借力海外资源

李老师是新中国第一批在国外获得内燃机博士学位的，十分注重国际交流。改革开放后，第一批出国的人员中也有李老师培养的学生，因此团队与欧洲、日本和美国等多所海外高校保持了紧密的联系。在当时的年代，这种跨国界的交流十分珍贵，一方面为团队的研究提供了难得的海外资源，特别是文献资料，开放实验数据和相关的软件；另一方面使团队能够把握国际学术前沿，使研究方向始终保持国内先进。李老师是江苏大学第一批获得国家自然科学基金资助的为数不多的人员之一，也是当时基金资助数量最多的一个，其中涡流室式柴油机冷起动过程的研究被基金委评为重要成果之一，记得当时基金委工程热物理处的李淑芬主任还专程来看望李老师。

受益于团队跨国界的交流，我以访问学者身份由江苏省公派资助，于1999年10月赴北美FEV公司和美国西北大学进修。由于受英语水平的限制，记得当时学校能够出国的老师很少，每年也就1~2名，我顺利通过英语水平考试（WSK）获得资助。对于赴美高校的选择，李老师推荐我去著名的德国FEV发动机公司在北美的分部，位于著名的汽车城密歇根州的底特律市，其中一个主要原因是我们的学长彭立新博士当时在北美FEV公司任特聘专家。

我在美国的学习和工作收获很大，一方面接触到了美国高等学府的研究团队，另一方面在企业开展了校企合作课题的研究。在美国西北大学遇到了摩擦学领域世界一流的团队，其中有杰出的华人教授Herberts Chen、王茜等，在FEV发动机公司接触到当时顶尖的动力系统研发团队、先进的研发软件及实验设备。

彭立新老师是我留美期间的指导教师，从工作安排到业务指导都一丝不苟；从动力润滑EHD模拟、混合动力系统策略优化到自由活塞发动机的研究，都让我大开眼界，研究能力不断提升。FEV的刘敬平老师对我的指导和帮助也很大，特别是软件模拟分析，我从他身上学到了很多。FEV公司的其他华人无论是工作上还是生活上都给予了我热心的帮助，至今印象深刻。

很巧的是，我遇到同在FEV公司的校友朱玉华博士。他到底

作者在美留学期间，与导师李德桃老师（左三）、彭立新老师（右一）和黄跃欣（左二）参观密歇根大学（2000 年）

特律机场接了我，并和我一起住在同一个公寓。朱博士在工作上和生活上对我帮助很大，我们共同度过了一段难忘的时光，至今都很怀念。不仅如此，我还见到了在美国学习和工作的师兄弟朱广圣、黄跃欣等，参观了美国三大车企福特、通用和克莱斯勒，结识了不少北美内燃机学会的前辈和同行。

在 FEV 公司，我还认识了一批来北美 FEV 公司实习的德国高校大学生，大家生活在同一公寓，令人难忘的是他们教会了我开车，并顺利拿到了美国驾照。

访学期间，李老师还专门到美国去 FEV 公司看望我，和彭老师一起带着我参观了密歇根大学内燃机研究所和美国三大汽车公司，还拜访了在芝加哥工作的内燃机著名专家朱元宪教授。李老师谆谆教诲我一定要珍惜在美的机会，加强国际交流，多向别人学习，努力工作，多出成果。

在美期间的学习和工作，提升了我的思想境界，拓宽了我的视野，增强了我的教学和科研能力。留美期间，在学校动力系党总支吕玉娟书记的关心下，我从中共预备党员成为一名正式党员。其间，动力系又正式升格为能源与动力工程学院。2000 年 10 月回国，当时杨敏官院长专门派车到上海浦东机场接我，让我感受到了学院领导对我们留学人员的重视，自认为当初决定回国、没有留在美国还是正确的。回国后恰逢三校合并组建江苏大学，我的教学和科研工作很快上了一个台阶，2003 年破格晋升教授，我成了当时学校最年轻的教授之一，也从李老师手中接过了工程热物理系主任的接力棒。

工程热物理研究室和团队一直处于非常艰难的状态。作为纯科研单位，由于学校出台工作量量化考核的政策，团队成员无法达到年终工作量要求。成立初期的工程热物理研究室有 20 多人，在处境最艰难的时期，团队成员只有 4 人，李老师、我、单春贤师兄，以及张吉庆师傅。

扩大和稳定团队成员数量成为当时的迫切需要。我们学术团队一直在开展工程热物理方向的研究，还酝酿筹办工程热物理专业，并向学院和学校申请成立工程热物理专业方向，培养传热和燃烧基础领域的本科人才。一方面可以发挥我校在该领域的研究特色，同时解决团队成员的教学工作量，另一方面也为团队招收研究生提供生源。经过两年的努力，学校终于批准设置该专业方向，于 2005 年招收了第一届两个班的本科生，工程热物理研究室也因此更名为工程热物理系。

当时学院已有的热工教研室是纯教学单位，承担能源动力及相关专业的传热学和工程热力学的教学工作，很少承担科研任务，这对教师特别是青年教师的成长很不利，学院院长杨敏官教授征求我的意见，能否让他们并入工程热物理系。我立即答应下来，我知道团队要发展，人是第一位的，没人不行。很快工程热物理团队的成员达到了一定数量，教学和科研可以正常地开展，团队终于稳定下来。

在此期间，工程热物理系还引进了美国东北大学左然博士，也是全校引进的第一位海外人才。左教授的加盟为工程热物理系拓展了太阳能热利用和太阳能电池晶硅生长研究方向。

随后，李老师的两位年轻博士生何志霞和潘剑锋毕业后也相继留校，由于两人表现突出，很快成为工程热物理系的领导，为工程热物理系的发展注入了活力。

团队在教学和科研方面不断创出新的成绩，成为学院的中坚力量。我也因为团队的贡献，被遴选为江苏省“青蓝工程”学术带头人，2006 年被聘为能源与动力工程学院的副院长。

拓展新专业，形成增长点。随着工程热物理系不断壮大，专业内涵不断丰富，研究方向也逐渐增多。其中新能源方向的成员数量增加，团队需要进一步优化。2010 年正值国家教育部开展战略性新兴产业专业的设置，其中新能源是新兴产业之一。因为左

工程热物理系的主要科研成员(2002 年)

然教授的引进，我们在太阳能领域的教学和研究工作是全国较早开展的。我们敏锐地抓住了这个机会，何志霞副主任承担了申报任务，从调研到材料整理以及申报书的撰写，开展了一系列卓有成效的工作。专家评审过程尽管竞争异常激烈，我们申报的新能源科学与工程专业还是获得了批准，学校成为首批获批设置该专业的全国 11 所高校之一。2010 年新能源科学与工程专业招生，学院成立新能源科学与工程系。

新能源科学与工程专业的获批不仅为工程热物理团队开辟了新的专业领域，也为整个学院的发展提供了新的增长点，对成立能源研究院校级专职科研机构起到了关键作用，2014 年何志霞被聘为能源研究院副院长。

我在担任教学副院长期间，注重人才培养质量的提升，实施了“卓越工程师计划”，并进行教学成果的凝练。2009 年由学科带头人袁寿其校长牵头、2018 年由本人牵头，学院两次组织申报获批国家级教学成果二等奖。2011 年，我被聘为能源与动力工程学院院长。

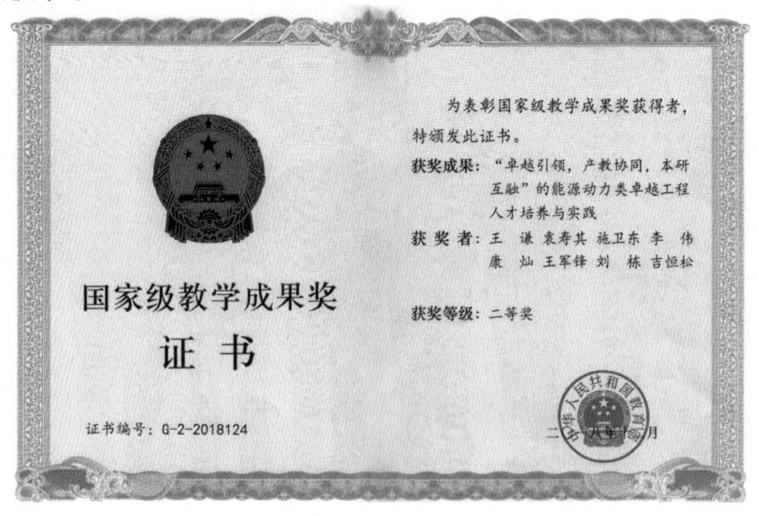
国家级教学成果奖

证 书

为表彰国家级教学成果奖获得者，特颁发此证书。

获奖成果：“卓越引领，产教协同，本研互融”的能源动力类卓越工程人才培养与实践

获 奖 者：王 谦 袁寿其 施卫东 李 伟 康 灿 王军锋 刘 栋 吉恒松

获奖等级：二等奖

证书编号：G-2-2018124

国家级教学成果二等奖证书（2018 年）

工程热物理团队人才引进力度不断加大，引进的团队成员除了“985”高校的博士生，还有海外名校的博士生。团队科研能力不断提升，每年获批的国家自然科学基金项目的数量在全院处于前列，国家科技支撑计划等项目也有突破，政府和行业的科技进步奖不断涌现，我被遴选为江苏省优势学科动力工程及工程热物理学科方向带头人，被评为江苏省首届“青蓝工程”优秀教学团队的负责人，学院建成能源与动力工程国家级实验教学示范中心，团队成员也获得各种人才称号。2014 年，系主任潘剑锋被聘任为学院副院长，屈健被聘为工程热物理系主任。

工程热物理团队的不断成长，离不开团队成员的共同奋斗，特别是校外成员的大力支持，本人也在团队的土壤中不断发展，入选江苏省“333 工程”科技领军人才，2018 年以第一完成人身份获得国家级教学成果二等奖，在申报该奖的过程中，2018 年 10 月 31 日我被调任学校教务处处长。

优势学科清洁燃烧与新能源利用团队（2018 年）

衷心感谢导师李德桃教授对我的精心指导！2018年9月，85岁高龄的导师仍在江苏大学《辉煌一课》讲坛上绽放光彩，把自己在科研上艰苦奋斗、不屈不挠的精神和对人生的感悟教育给下一代。衷心祝愿他老人家身体健康！

衷心感谢在我的成长路上帮助过我的所有“四跨”团队成员——文中出现名字的和没有出现名字的，愿各位身体健康，工作顺利，生活幸福！

衷心希望工程热物理团队这支雁群在一代又一代人的努力下，能够彼此团结，互相鼓励，心神合一，勇于面对各种挑战，飞得更快、更远！

作者简介

王　谦（1968—），江苏大学教授，博士生导师，江苏大学教务处处长。1996年获江苏大学博士学位，师从李德桃教授，1999年至2000年在美国西北大学及FEV发动机公司做访问学者。长期从事能源与动力工程领域的教学和科研工作，承担国家、省级教学改革课题4项，获国家级教学成果奖2项，省级教学成果奖2项；承担国家级科研项目20余项，以第一和通讯作者发表SCI论文30余篇，授权国家发明专利35项，获省级科技进步奖5项；入选江苏省“333工程”科技领军人才，江苏省“青蓝工程”中青年学术带头人。

研究生学习生活的一些回忆和工作体会

田东波

2015年，我在回母校江苏大学参加研究生毕业20周年校友返校活动时，拜访了研究生导师李德桃教授，导师提起要出版一本书的计划，希望能记录其科研团队发展历程及研究生毕业后的工作及经验，并能分享给社会，让我也准备一篇。当时，我觉得自己毕业以后也没有什么辉煌的成就，目前也还是工作在第一线的一名普通工程师，平时做的具体工作很多，但实在没有什么可写的。后来在李教授的鼓励下，想想一方面是对自己过去学习生活的一段回忆，另一方面也是给自己一个机会总结一些做工程师的体会，于是我才写下这篇文章。

我是1986年高考考取江苏工学院（今江苏大学）内燃机专业的。毕业设计时在李教授的工程热物理研究室做课题，跟着李教授的硕士研究生朱章宏做关于涡流室式柴油机冷起动机理研究的一部分工作。当时的印象是，虽然李教授是著名教授，但和我们这些普通学生接触时始终没有架子，讨论时也常会询问学生的意见。1990年本科毕业以后，我被分配到无锡油泵油嘴厂工作。一年多以后，我很想在专业方面得到进一步的深造，于是和李教授联系询问是否可以接受我来读他的硕士研究生，没想到马上得到他的支持。1992年，我考取了母校的硕士研究生，很幸运地成为李教授的学生，课题是涡流室式柴油机燃烧室的改进研究。李教授是内燃机行业燃烧过程研究领域的著名教授，尤其对涡流室的燃烧过程有着极其深入的研究。在我进入研究生学习后，李老师提出通过涡流室镶块通道和燃油喷射的相对位置的重新设计，让一部分燃油直接喷到主燃烧室燃烧，以提高燃烧的效率从而改善燃油消费率。同时由于一部分燃油直接进入相对高温的主燃烧室，也可以期待涡流室式柴油机低温起动性能的改善。相对于一直致力于如何改变涡流室镶块通道形状来改善涡流室内的气流流动，以及主、副室间的气流流动来改善燃烧性能的传统研究，这一崭新的思维让我由衷地钦佩。李教授带着我一起来到无锡县柴油机厂，探讨共同研究的可能性。无锡县柴油机厂欣然应允在其S195型发动机上进行研究，这又充分展示了李教授在行业中的人格魅力。在该厂的几轮试验，不断优化了涡流燃烧室容积，喷油位置和镶块通道形状，在部分负荷时较大地改善了柴油机的燃油消耗率。接下来的工作是进行新燃烧室方案的理论研究，测量示功图，进行放热率的解析。在这一研究工作的展开中，数据处理遇到了困难，李教授又和学校动态中心联系，帮助解决困难。在读研究生时，常听李教授说，我们是一个“四跨”科研集体。在整个研究生课题的研究工作中，我深深地体会到了这一“四跨”科研集体的力量。

研究生在读时，李教授的研究生们之间的交流也很不错。我进入工程热物理研究室读研究生时，我本科时的室友王谦因为是本科毕业后直接升入研究生课程的，他那时已读完两年课程，硕士即将毕业。和我同一年进入研究室的还有李教授的第一位博士研究生熊锐。在接下来的两三年中，王谦升入博士课程，后来又迎来了新的博士研究生吴志新、夏兴兰、董刚和硕士研究生杨文明。现在还能依稀记得当时大家一起在李教授家里或研究室里讨论研究工作的场面，也能回忆起在研究生宿舍师兄弟们其乐融融、谈笑风生的情景，那确实是一段很美好的时光。

在跟着李教授做研究时，常听到李教授说的一句话就是要做学问，先要学会做人。李教授也要求我们在专业学习的同时，也要加强人文知识的学习。在这些方面，李教授都给我们做了很好的榜样。在李教授那里学习时，写文章的能力也得到了足够的锻炼。如何要点突出，言简意赅，让读者易读易懂，怎样抓住读者的注意力等细节都得到了李老师的指导，这些一直有益于目前的工作。现在每当回想起研究生的学习生活，我都深深地感到能跟着一位好老师做学问真是一件幸运的事情。

我后来是 1998 年到日本三重大学留学的，2002 年取得工学博士学位，然后进入了洋马公司。报考洋马时是希望能进入其中央研究所工作的，尤其想把以前学习的燃烧过程的知识继续运用和提高。在日本我了解到，李教授论文集中关于涡流式燃烧室的研究是我能找到的最全的资料。当进入洋马经过近 3 个月的新职员培训后，我接到被分配到发动机部门开发部，尤其是自己不熟悉的大缸径发动机（缸径 160~330mm 的四冲程发动机）部门的通知时，我感到非常失望。当实际的工作展开以后，我体会到了这一新工作的挑战。我所担当的工作是将发动机和发电机匹配起来作为远洋货轮的发电机使用。这一工作不仅要求理解发动机性能和构造，也要求对船上的冷却水供给系统、燃油供给系统、润滑油供给系统还有其他一些诸如热交换器之类的辅机设备的知识有所理解，这些都是以前我不熟悉的。刚开始时每天的工作中都会出现自己不懂的东西，而且还要和船厂的设计部门、公司的营业部门、制造部门和购买部门等联系，自己的日语又是来日本后才学的，而且没有去过语言学校，语言表达有时候也有困难的地方，工作压力挺大的。好在公司有很详细的资料系统可以参考，周围也有经验丰富的工程师可以咨询，我渐渐地熟悉了工作，知识面也广了，对这样的系统设计工作也有了兴趣。

2011 年，我转职到 MAN Energy Solutions Japan（MAN-ES，公司今年 6 月底刚改名，原称是 MAN Diesel & Turbo，公司总部在德国）。我目前的主要工作是作为 MAN-ES 的丹麦二冲程低速船用柴油机部门驻日本的调试工程师，负责该公司在日本的许可证生产厂如三井造船、日立造船和川崎重工生产的 MAN2 冲程主机调试运转的技术支持。这一工作也很有特点，了解 MAN 发动机固然重要，但更重要的是要清楚开发发动机有关部分在丹麦本部的专家，这样在遇到问题时可以联系这样的专家来解决问题。如何和丹麦本部与许可证生产厂之间进行准确的交流对目前的工作很重要。

作者在川崎重工乙烷双燃料发动机控制室工作（2019 年）

除了攻读博士学位期间研究的内容是流体方向之外，我大学毕业后一直在做内燃机方面的工作。有意思的是，随着年龄的增长，工作中涉及的发动机的尺寸也越来越大。二十几岁时在李老师那里主要研究缸径 82mm 和 95mm 左右的小缸径柴油机，三十几岁时进入洋马主要担当其缸径 180mm 和 210mm 的柴油机的系统设计，四十几岁时进入 MAN-ES 直到现在担当缸径 300~950mm 低速柴油机的调试工作。随着在这一领域工作时间的增长，对自己这个专业也越来越感兴趣，对完成每一次任务也越来越有热情。

要讲讲自己的工作体会的话，我觉得要成为一名优秀的工程师，最重要的一点就是要不断地实践，正所谓实践出真知。不断地实践，也会丰富自己的经验，增强自己的信心。我在洋马工作期间的最后 4 年，主要从事部门的振动测量和解析方面的工作，这期间和一位在洋马工作近 40 年的工程师共事，其实他也是我这一工作开始的师傅。这位工程师振动测试经验丰富，碰到问题时总能冷静应对，发现问题所在，而且还能提出实用的解决方案。和他交流如何才能达到这种境界时，他坦言道：其实这并不难，事例做多了你就会找到这样的感觉了。我自己对此也有深刻的体会。碰到新的工作，不要害怕失败，不断地去实践才会取得进步。

作为一个工程师，我觉得做到实事求是是其所该具备的基本素质。这和日本的公司里强调的“三现主义”，即现场、现物和现实，是相同的意思。“三现主义”的意思是，一定要到现场去，获取现物的信息，用自己的双眼确认事相（现实），尽量避免在桌上的空论。很多工作的解决方案都藏在实物之中，只有客观地分析，才能找到答案。

作者参加 LNG 船试航，该船装的是我们公司开发的 ME–GI 双燃料发动机（2019 年）

最后想讲的一点体会是，要带着工作热情去工作，热爱自己的工作会提高工作质量，让自己体会到自己的价值。我在三井造船柴油机部门做发动机调试工作时，碰到一位有近40年工作经验的发动机调试工程师。他很热爱自己的工作，他对发动机的运转有很多拟人的说法。他常说在调试发动机时要用自己的五感去观察发动机的运转状况。用自己的眼睛去观察发动机运转，如果有漏油、漏水等现象，发动机就会“哭泣”；……如果听到有异声，那说明发动机有异常；他还会说你的双手就是“温度计”，双脚就是“振动测量器”，在走过发动机周围时去探知发动机的运转是否有异常，还要使用你的嗅觉去探知发动机周围是否有异味，如果有那就表明一定有不正常的地方。他常会说发动机工厂内公试（出厂试验）的日子就好像是自己挚爱的女儿出嫁的日子，我确实好几次看到过这位工程师在他负责的发动机进行出厂运转试验时，满怀感情，恋恋不舍地擦拭发动机。这位工程师是调试部门公认的值得信赖的权威，大家出现问题时都会去询问他的意见，让他去现场看看发动机的运转情况。这些经历都给了我很多工作上的启发。

作者简介

田东波（1968—），高级工程师。1990年毕业于江苏大学，1995年获该校硕士学位，2002年在日本三重大学获博士学位。曾任职于日本洋马柴油机公司、MAN Energy Solutions Japan公司。

导师影响了我的人生之路

董　刚

由于自身懒惰和杂事缠身，一直迟迟未能动笔写写我的导师李德桃教授对我博士期间和后来工作的影响。另一个原因是书面表达方式在我心中是分量很重的事，总觉得只有充分酝酿，才能表现出来。但是，回想起二十六年前自己初次遇到李老师并有幸成为李老师学生的往事，我仍然会为那一段学习和工作的岁月感到激动。因为在那段时光里，我不仅掌握了科学研究的正确方法，而且这些方法成了我后来科研工作的行动指南。文笔虽拙，仍想与大家分享。

第一次见到李老师是在1992年，那时我还是个大学刚毕业并准备继续读研的大学生，因硕士导师课题事宜来到镇江与李老师见面。发现李老师是位睿智的学者，但却有种高不可攀的感觉。之后的硕士研究生阶段因课题之事又与李老师多次接触，逐渐发现李老师除睿智之外还透出慈祥和平易近人的一面。在我硕士研究生毕业前半年，李老师问我是否愿意跟他读博士，我毫不犹豫地答应了。其实，当时并没想到这一决定竟深深影响了我后来的科学研究之路，甚至是人生之路。

1995年3月，我来到当时的江苏理工大学跟随李老师攻读博士学位，专业是内燃机。对于本科和硕士阶段都是学的化学专业的我来讲，一开始学习这个专业面临许多短板，不少课程都要从头学起。我记得李老师为我制订了详细的学习计划，除博士生需要完成的学习内容外，甚至还为我选了几门本科生的课程。例如，内燃机专业的基础课程——“内燃机原理”，我是跟着本科生上完了这门课。详尽的个性化课程设置，体现出李老师对每个学生的关怀，也为我后面顺利完成博士论文打下了很好的基础。在指导我的博士毕业论文工作的过程中，李老师表现出了对专业方向把握的敏锐、对研究内容理解的深入和对论文撰写要求的严格。我印象最深的一件事就是我的第一篇期刊论文，李老师帮我修改了七到八遍。那时候计算机写作还不是非常普及，所以李老师都是在稿纸上亲自修改，每次从李老师那里拿回修改后的论文，上面都是导师密密麻麻的文字、符号和示意图……就这样，我的第一篇期刊论文很快顺利发表。今天，我仍然从事科研工作，我自己也带着好几个博士生，论文写作已经成为常态。当我在指导学生写作或者帮助他们修改论文时，总能想起李老师那时的要求，这些已经潜移默化地成为我现在对学生的要求。

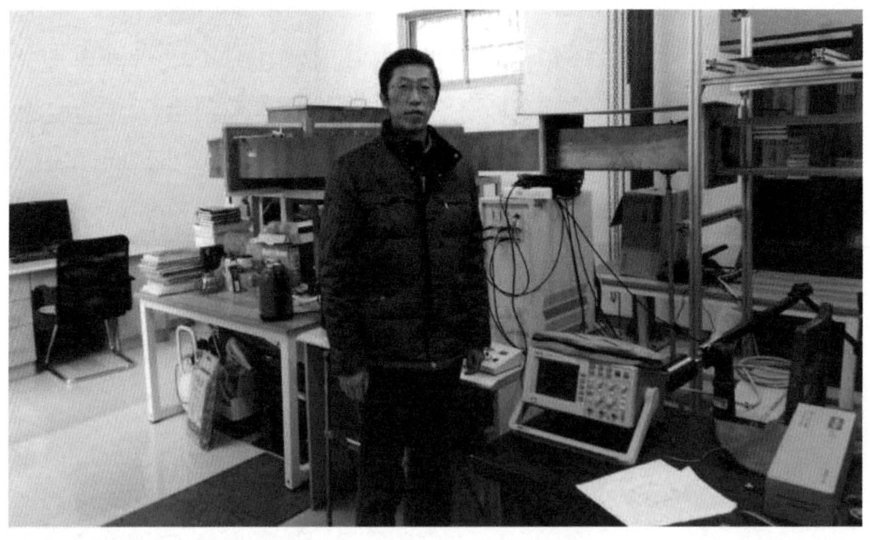

作者在实验室工作（2018 年）

研究团队的建设一直是李老师非常强调和重视的。我在读博士的那段时间,李老师的研究条件并不好,许多实验要在外地开展,为了在现有条件下做出高质量的研究成果,李老师不断在几家科研院所之间帮我们联系和协调,使我们的工作得以高质量地开展。就这样,一个“‘四跨’科研团队”逐渐形成了。在李老师“四跨”团队的建设下,我的博士论文的部分研究内容就曾先后在天津大学、湖南大学和南京理工大学等高校得以顺利开展、实施,这种“四跨”团队建设发挥了极大的作用。值得一提的是,这种建团队的思路在那段时间还吸引了许多行业内优秀的人才跟随李老师读博士,我有幸和他们成了师兄弟,不少人年龄都比我大,他们在学习和生活中就像大哥一样帮助我和关心我,让我加深了对专业的理解、感受到人性的善良和正直。今天离我博士毕业已经过去了整整二十年,和大家见面的机会也很少,但这份友情始终作为我的宝贵财富蕴藏在心里。

用李老师自己的话讲,他是一位“草根”出身的教授。从小清贫的家庭生活使他养成了刻苦、认真、朴实和节俭的品格,正是这样的性格使他能够几十年如一日地专注于内燃机燃烧这个领域的研究,并逐渐成为我国这一研究领域的杰出代表。我了解的李老师是一位对物质生活要求不高的老人,是一位对学生和晚辈关怀备至的长者,是一位专心致志、痴迷研究的学者,更是一位硕果累累的专家。李老师的做人之道、治学风格影响了我的人生之路,而且这种影响还会一直持续下去。

作者简介

董　刚（1970—），南京理工大学瞬态物理国家重点实验室研究员。1992年毕业于南京理工大学，1998年获江苏大学博士学位。目前主要从事激波与复杂流动、可压缩反应流的教学和科研工作。发表科技论文150余篇，主持国家自然科学基金项目3项。

谆谆恩师言
浓浓母校情

杜爱民

春节给李老师拜年，李老师告诉我要组织大家写点东西。自己感觉往事平淡无奇，加上从小语文没学好，更谈不上有什么文采，所以也就没放在心上。没想到李老师又非常郑重地打电话给我，团队里也不能把我给撂下，再次被李老师的认真和真诚所感动。

人生走到今天，还真的从来没有静下来好好回忆过以往，可能是因为没有经历过什么大风大浪和潮起潮落，也没有做出什么伟大业绩和重大创举，只是每天忙碌地过着平凡得不能再平凡的日子。

儿时的日子已经没有了太多记忆，应该跟那个时代的孩子们一样，天天过着无忧无虑的生活，没有上过幼儿园，没有学习或培训过什么特长，天天就是玩耍，玩捉迷藏，满村子到处跑，玩那个时代孩子们自制的玩具，在玩耍中慢慢长大，既增强了体质，也锻炼了智力，当然偶尔也要帮着大人照顾一下更小的妹妹。就这样一直玩到 7 岁半，才到学校上学。上学也没有那么紧张，放学后、周末不上学的时候就去割草、放羊。

那个年代，全国生活都不富裕，我们家五个兄弟姐妹，劳力少，工分少，分的粮食自然也不够吃。后来实行了家庭联产承包制，我们也分得八九亩的土地，不同的地块，种小麦、玉米、大豆、地瓜、棉花等，还有菜地可以种白菜、萝卜等。大家的积极性非常高，但那时候的农村应该是千百年来沿袭下来的比较原始的农业生产，牛马犁地、耕地、播种，牛马不够就人拉，大部分劳动还要靠人力。冬小麦是秋种夏收，经过大半年的时间，打坷垃、翻地、播种、浇灌、施肥、收割、打场、扬场、铲麦茬……，特别是播种和收割季节，大人们忙不过来，每年都有亲戚朋友们来帮忙，我们就跟着干些力所能及的活，干着干着，慢慢地也都学会了，小蛮劲也越来越大。当时我们除了寒暑假，比城里人还多两个假期，春秋季节农忙的时候要放一两个星期的假，大家都要下地干活，老师也都是民办教师，家里都有承包的土地。

当时并没有实行九年制义务教育，村里的孩子有许多小学毕业就辍学了。母亲没有上过学，不识字，知道“睁眼瞎”很吃亏，所以在孩子的上学问题上非常认真。在家庭的影响下，我学习很刻苦，成绩名列前茅，并于 1983 年考入武安乡初级中学。

学校离家不太远，但走路也要大半个小时，为了上学方便，就住在亲戚家在村边新盖的房子里。学校没有做饭的食堂，每人从家里自带干粮和咸菜，食堂的师傅在锅里热一下，另外烧些清清的面汤，这样就解决了一日三餐。每周回家一两次，带的干粮就挂在一间专用房屋的土墙上，天热的时候会发霉长毛，有时候也会被老鼠偷吃几口，掰一掰，蒸蒸照样吃。

虽然有点艰苦，但学子们求学的脚步从来没有停止过。每天早起跑步、晨读、上课、晚自习，那时候电灯还没有普及，晚上就点上煤油灯、蜡烛等上自习。就这样日复一日，心无旁骛。在学校虽然很少有更多的体育锻炼，但每天坚持早起晨跑，加上周末、假期的农活劳作，足以锻造出一个健壮的身体。

虽然当时初中升高中的升学率低得可怜，但功夫不负有心人，1986 年我顺利考入郓城县一中。

高中三年的生活丰富多彩，充满着激情与活力，每天遨游在知识的海洋里，好像有使不完的劲。那时的我在学习上一直名列前茅，积极参加各种活动，全面锻炼自己的能力，努力使自己成为德、智、体、美、劳全面发展的新一代接班人。理想和追求也非常远大，好像成为科学家的梦想很快就会实现。然而，高考并没有考出理想的成绩，沉甸甸的现实迫使自己不得不重新思考未来的人生之路与理想和追求。

1989 年，高中毕业后进入山东工业大学内燃机专业读书，学校后来并入山东大学。其实，拿到录取通知书的时候，并不知道内燃机是什么，也不知道这个专业的前途如何。后来听说家里灌溉用的 195 柴油机、拖拉机发动机应该就是内燃机，算是对内燃机有了初步的感性认识。

记得当年入学报到是农历的 8 月 15、16 两天，8 月 15 在家里干了一天农活，16 号才乘坐长途汽车来到位于省府济南千佛山脚下的山东工业大学。来之前，邻居大爷爷还开玩笑地说："又'瞎'了一个修理地球的好手。"

大学是多少莘莘学子的梦想和追求，大学是知识的海洋，有浩瀚的图书资料和先进的仪器设备，可以接触广博的知识，追踪学科前沿，培养必要的专业技能，提高专业能力和创造能力；可以接受人文精神和科学精神的熏陶，学习为人处事的方法，学习做人的道理，培养良好的学风，陶冶人格情操。

然而并不是每一位进入大学的"天之骄子"都能够充分利用好大学这段人生最美的时光。回想自己的大学时光，有收获，也有一些遗憾和值得改进的地方。值得肯定的是自己经过一段时间的思考和自我调节，很快树立了新的人生目标，有了目标，就有了学习和追求的动力，大学生活也非常多姿多彩。遗憾的是，自己对专业的理解还远远不够，前两年的基础课主要是通识教育，自己也没有主动涉猎专业知识，也不知道国内外相关的前沿技术，更不知道要搞好发动机还需要很多跨学科、跨专业的知识和能力，所以也没有主动拓宽自己的知识面和培养相关能力。

大学时期的信息是比较闭塞的，对学校以外的事情知之甚少，也不知道有多少兄弟院校有相关专业。当时在复习考研时，收到江苏工学院的招生简章，感觉还不错，于是就报考了。

经过艰辛的考研复习，于1993年考入江苏工学院读研究生，读书期间学校更名为江苏理工大学，后来再次更名为江苏大学。

在江大的日子，一待就是六年，先是师从朱挺章教授读硕士研究生，毕业后朱老师把我推荐到李老师门下读博士。五六年的时间，一直在从事柴油机缸内工作过程的CFD分析与研究。

跟现在比起来，当时的计算机条件还是相当艰苦的，CFD计算程序当时在国外都是在巨型计算机上进行开发的，而我们在386、486计算机上调试开发着大型CFD计算程序，天天写着Fortran代码，每次计算往往要花几天的时间才知道结果是否正确。经过日复一日年复一年的开发和调试工作，终于有所收获，凝结成厚厚的一本论文，心里是无比的开心和自豪，六年的日日夜夜也再次浮现在眼前。

当时的研究生招生规模并不大，全校每年招收的研究生也只不过50多人，还包括20多个在职培养的。大家住在靠近江边的研究生楼，上课就在研究生楼上的大教室内。大家来自全校不同的专业，具有不同的专业背景，吃住、生活、学习在一起，自然地使大家开阔了视野，自觉不自觉地学习涉猎一些感兴趣的跨专业知识，对后来的科研工作和人生道路产生了非常积极的影响。

以前学的都是“哑巴英语”，为此学校专门为我们安排了外教，还每周给我们播放原版英文录像，激起大家对英语学习的无限兴趣，由此我的听说能力有了质的飞跃，在后来的工作中也能游刃有余，运用自如，更能在关键时候把握住机会，在事业上得到更大的发展。

学校的生活非常有规律，宿舍、食堂、办公室，三点一线，没有外界的干扰，就像时钟一样每天按照固定的节奏不停地运转着。体育锻炼还是有的，大家也比较重视，四楼的活动室可以打乒乓球，虽然自己不太会打，学着打，慢慢地也能打上不少回合，作为锻炼身体的手段还是不错的。除了打乒乓球，平时还坚持跑步，操场上、长江边，都有我们跑步的身影。当时学校后面的小鱼塘、江边大堤给我们留下许多美好的回忆。

作者博士论文答辩期间（中为导师，右为袁寿其研究员）（1998 年）

李老师、朱老师两位恩师在涡流室式柴油机的工作过程研究和设计分析等领域具有很深的造诣，研究成果应用于许多发动机企业，帮助企业开发设计不同类型的柴油机，为企业创造了丰厚的利润。我自己的研究是围绕着涡流室式柴油机缸内工作过程进行三维 CFD 模拟与分析，经过大量的代码调试，终于实现了从压缩过程到喷雾、燃烧过程的三维 CFD 模拟，并实现了变参数分析、网格自动生成、计算结果的图形化显示等功能。

博士毕业后，1999 年来到同济大学进行博士后研究，围绕 LPG、CNG 等清洁能源开展清洁能源汽车的研究，与上海大众联合开发了多款两用燃料汽车，并在出租车领域推广使用。

2001 年博士后出站，并留在同济大学汽车学院，从事教学和科研工作，直到现在。这些年来大部分时间围绕着混合动力汽车的设计开发、控制策略与优化、混合动力汽车用发动机等领域进行研究。

作者在澳大利亚访学期间（2008 年）

博士毕业后虽然没有再开展涡流室相关的项目，但对涡流室式柴油机的进展还保持着关注。李老师用一生的时间对涡流室进行深入的研究，对涡流室有着深厚的感情。虽然有一段时间柴油机直喷化是一种趋势，涡流室的市场越来越小，但李老师也没有把涡流室扔在一边。仍然以科学家的精神对涡流室的内部规律进行着研究和思考，如何在低成本下做到良好的节能与排放效果。在大众“排放门”事件发生后，大家进一步认识到目前直喷柴油机所采用的技术方案过于复杂，工作过程中无法根本解决排放问题，后处理又相当复杂和昂贵。涡流室式柴油机在排放上的优势能否有机会发挥出来，则是值得许多内燃机工作者思考和研究的大课题。

如今自己也到了年近半百的年纪，回首往事，禁不住感慨万分，善良、宽容、自我调整、自我完善、不懈追求应该是这些年的感悟和自我要求。眼看着过不了几年，自己也要走上退休的轨道，虽然也参与和主持过一些科研项目，编写过两本教材，培养过数

作者在混合动力变速箱试制车间（2018 年）

十名研究生等，但细细想来，到现在都没有一件真正能够拿得出手的成绩。在未来的日子里，我还能做些什么更有意义的事情呢？希望不要真的白白地走这一遭。

这些年李老师也非常注重体育锻炼，坚持游泳、散步等运动。每次跟李老师打电话，听到李老师铿锵有力的声音，讲述着一些最新的进展以及对我们美好的祝福和期望，心里是无比的感动。也真心祝愿李老师身体健康，福如东海，寿比南山。

作者简介

杜爱民（1971—），同济大学副教授。1993年毕业于山东大学，1996年获江苏大学硕士学位，1999年获江苏大学博士学位，2001年同济大学机械学院博士后流动站出站后在同济大学任教。2011年获中国机械工业科学技术奖二等奖。擅长汽车发动机和混合动力系统的控制与设计分析。

老师给我人生的一些启迪

杨文明

我是 1990 年进入江苏大学（当时为江苏工学院）能源与动力工程系学习的。那时候因为全国还没有扩招，所有大学的建校规模都不算大。当时整个江苏大学只有 3000 多个学生，我们系每年仅有 80 多个学生，并被分成 3 个专业，即内燃机、水机与热能工程。由于学生数量较少，因此刚进大学的前两年是不分专业的，系里所有的学生一起上基础课。到了第三年，可根据自己的兴趣挑选专业方向。

在学校学习过程中，我得知江苏大学内燃机专业在全国相关领域是排名前三位的，并且有一位非常有名的专家李德桃教授，是当时江苏大学仅有的 6 位博士生导师之一（那个年代所有的教授及博士生导师均需要国务院的批准）。因此，我下定决心要选修内燃机专业。不过，那时候还没想过以后要不要读研的事，更没想过将来有一天会投入李老师的门下。很快四年的大学生活就要过去了，由于那时候中国已经开始实行毕业生分配制度改革，大学毕业后国家不再统一分配工作，而是实行双向选择，即用人单位和毕业生都有自由选择的权利，唯一的限制便是偏远省份的毕业生必须回本省工作。在同学们开始忙着找工作时，我却并没有太大的积极性。一方面是因为我性格比较内向，不擅长于与陌生人打交道；另一方面那会我也有点迷惘，并不确定自己想要做什么或去哪里工作。一个偶然的机会得知江苏大学有 9 个免试推荐读研究生的机会，就报名参加了，顺利通过了选拔考试，并且很幸运地成为李德桃老师与贝石颖老师的学生。当时心里非常激动，同时也很紧张，怕适应不了李老师的严格要求。说来惭愧，虽然早已听闻李老师的盛名，不过从未接触过，对李老师的性格与为人并不了解。随后，在贝石颖老师的陪伴下，诚惶诚恐地第一次走进了李老师的家。没想到踏入李老师家门没多久，我的紧张感很快就消除了，因为李老师跟我拉起了家常，而不是开门见山地问我的学习情况，或给我布置学习任务。他亲切地询问了我的家庭情况，并问我生活上有没有什么困难。得知我出生于湖南时，他很高兴地说大家还是老乡。初次见面就在这样轻松的气氛中度过。临别时，李老师也没有给我布置科研任务，只是叮嘱我说，要想在科研上做出一点成绩，就要耐得住寂寞，忘却名利，踏踏实实地把工作做好。后来我才深深地体会到这就是李老师为人处事的真实写照，这也深深地影响了我的人生轨迹。

随后，从 1994 年到 2000 年的六年期间，我一直跟随李老师攻读硕士与博士学位。随着相处的时间越来越久，我对李老师的了解也越来越深入。李老师的父亲很早就去世了，他从小与母亲及祖母相依为命，年幼的他早早就成了家里的主要劳动力，只能在从事繁重农活的同时，抓紧一切可以利用的时间学习。通过艰苦努力，他如愿考上了湖南大学，师从当时国内的内燃机权威戴桂蕊先生。大学四年，正逢国家进行大专院校专业大调整，李老师跟随戴先生先后搬迁到原华中工学院（现华中科技大学）、原长春汽车拖拉机学院（现吉林大学）进行学习。毕业后，因为成绩优异留校任教并成了戴先生的助手。1963 年，由于第二次全国专业大调整，李老师所在专业再次被调整到了江苏工学院（今江苏大学），从此在镇江扎根。

受到当时中国大环境的影响，李老师在工作初期先后经历了青年教师下放农村劳动锻炼，历时三年范围遍及大江南北近十个省份的大规模排灌机械专业调研，以及下放农场工作两年的艰苦生活。1971 年，李老师来到当时我国中小型柴油机厂的龙头企业——常州柴油机厂进行再学习，历时三年。其间，在该厂领导的支持下，李老师带领五个工程技术人员组成了技术攻关小组，以期全面提高我国中小型柴油机的性能。在此期间，李老师与工人们吃住在一起，经过一千多个不分昼夜的艰苦奋斗，终于研制出具有自主知识产权的涡流室式柴油机燃烧室，打破了英苏等国的技术垄断，首次把柴油机转速从 2000 转 / 分提高到 3000 转 / 分，使得 195 型柴油机由 12 马力提高到 18 马力，并且其主要性能指标均达到当时世界先进水平。李老师也因为在研制涡流室式柴油机方面的突出贡献而荣获 1978 年全国机械工业科学大会先进个人奖。

在这里，我要特别说一说李教授在柴油机低温起动领域所做出的开创性工作。除何晓阳师兄和我外，来自其他著名大学的几名高才生，包括清华大学的朱章宏，西安交大的康志新，浙江大学的朱晓光、单春贤、夏兴兰等，都在李教授门下攻读研究生学位时参与了这一工作。

众所周知，从 20 世纪 60 年代以来，涡流室式（分开式）柴油机是我国产量最大、用途最广、创汇最多的一类动力机。这种柴油机为我国“三农”做出了不可磨灭的贡献。但由于它的冷起动性能差，尤其在广大农村，冬季起动很困难。为解决该问题，李德桃老师及其科研团队，付出了十多年的心血，把最低起动温度从 –5℃降到 –15℃，从单缸柴油机（195 型、170 型）到多缸柴油机（495Q 型、483Q 型）都能顺利地起动。在改善实际发动机冷起动性能的基础上，还进行了多年的实验和理论探索，这些系统全面的开创性成果，在国内外杂志上发表，解决了30多年来关于冷起动机理的争论。李老师还多次被邀请到日本等国做报告或是访学，并由国家自然科学基金资助出版了专著。这一重要研究成果，也被国家自然科学基金委员会动力工程及工程热物理学科选登为庆祝国庆50周年专刊的四项重要成果之一。

可能正是因为经历过旧社会的食不果腹、流离失所，目睹过抗日战争与国共内战的残酷，并伴随着新中国从“一穷二白”一步一步成长到现在，李老师更能体会今天美好的生活与工作环境的来之不易，更加懂得时间的宝贵，因此他总是抓紧每一分每一秒的时间学习和工作，从没懈怠过。虽然现在已超过80岁高龄，退休多年，但仍然坚持每天学习。就算是逢年过节，他也很少出门，宁愿待在家里做总结写文章。

李老师给我人生的第二个启迪是他不贪图名利、甘于在平凡的岗位上默默奉献的精神。由于工作成绩出色，李老师成了改革开放后首批公派出国的留学人员，并通过两年的时间以优异的成绩拿到了罗马尼亚蒂米什瓦拉工业大学的博士学位。那个年代全国每年只有几十个公派留学生，堪称万里挑一。当李老师学成回国乘坐火车经过苏联时，还曾遭到克格勃的威逼利诱，许以非常好的待遇希望他能留在苏联工作，但李老师不为所动，坚决回到了祖国。1983年，当江苏省委、镇江地委领导诚恳建议李老师出任镇江市副市长时，经过认真考虑后，李老师也委婉地拒绝了。随后，他又多次婉拒担任镇江市政协副主席的机会，因为他希望能够全身心地在科研上为祖国做出自己的贡献。

李老师给我的第三个印象是他非常节俭。20世纪90年代，我曾多次陪同李老师出差，本以为和他那样的知名教授出行，适当的时候应该可以打打车，要知道那时他已经60多岁，不再年轻了。谁知我们一路上总是坐火车、挤地铁、乘巴士，风尘仆仆地赶往目的地，印象中几乎从来没有打过的。在住宿方面，大多选择大学校园或者单位里面的招待所，因为价格比外面的宾馆便宜很多。李老师总是叮嘱我，国家现在并不富裕，要把能够省下来的每一分钱都用在科研上。我有一次去他家拜访时，看到他家的厕所里摆放着好些盛着水的水桶和水盆。当时还有点奇怪，后来才明白，原来李老师为了节省水资源，总是把洗完衣服的水盛起来，用来冲厕所。

李老师还有一个特点，就是克己待人。在内燃机教研室的老教师很多，他从不与人争长论短，能吃亏能吃苦。李老师就是这样一位“平凡”的教授，一直默默坚守在平凡的岗位上，为我国内燃机的发展做出了很多开创性的贡献，成了我国内燃机燃烧领域的领军人物。在李老师的言传身教之下，这种精神也潜移默化地感染着他的弟子们，毕业后在各自的领域内也都做出了显著的成绩。李老师培养的研究生目前遍布美国、日本、新加坡与中国，大多已经成了大学的教授、公司的高管或首席科学家，这也是李老师最感欣慰的事。

在李老师多年来悉心的指导下，我于 2000 年顺利拿到了博士学位，论文被评为江苏省优秀博士论文，并得到了去新加坡国立大学做博士后的机会。刚到新加坡时，我在语言沟通上就遇到了很大的挑战。新加坡的官方语言是英语，在大学里的一切活动都是以英语为媒介。由于自己的英文基础不是非常的好，平时也没有什么机会练习口语，因此很难跟同事进行有效的沟通。当时这个事情对我的信心造成了一定的影响，本以为在新加坡待个一两年就该回国了。幸运的是，来新加坡后我和李老师一直保持着良好的沟通，李老师不断地鼓励我要勇敢克服挑战，并且经常在科研上给我出主意、提建议。同时，在美国的薛宏老师也不吝赐教，使我在科研上很快取得了明显的进展，开发出了首台微型热光电系统样机，尽管效率还不是很高，但跟当时世界上正在研发的其他微型动力装置相比却有着明显的优势。微型热光电系统不包含高速运转部件，因此可靠性更高，也更容易加工。在此基础上，我们又全面研究了影响微燃烧稳定性与热效率的主要因素，例如多孔介质燃烧、催化燃烧、回热器及燃烧室内插板等的影响，并开发出了新颖的选择性辐射器与过滤器，使微型热光电系统的效率得到了显著的提高。这些成果的取得奠定了我们课题组在微燃烧与微动力系统领域的国际地位，也增强了我在科研上取得更大进步的信心。

作者建立的平板式微型热光电系统测试平台

从 2008 年开始，新加坡国立大学机械工程系组建了一个全新的汽车教研室，但找不到老师讲授内燃机方面的课程。我那时刚从博士后研究员转为初级讲师（Instructor）不久，属于能源与生物热工程教研室的一员，本可以不参与他们的教学工作。但是，我认为相关教学虽然会增加我的工作量，但对我来说也是一个机会和挑战，于是自告奋勇地提出帮助汽车教研室开设该课程。从学校批准该课程的设立到正式讲课，我只有一个月的时间来设计课程并准备讲稿。但好在我在攻读硕士与博士学位的时候，接受了系统全面的内燃机方面的知识训练，同时跟着李老师接触了很多实际的工程问题。因此，虽然时间非常紧张，但总算是顺利完成了该课程的准备工作，在开课后教学效果得到了学生们的一致好评。这是对我工作的认可，同时也是对我信心的一个鼓舞。2010 年，汽车教研室正式在全球范围内招聘一名汽车或内燃机方向的助理教授。新加坡的教授待遇很有竞争力，因此每一个相关职位的招聘都会吸引几十个甚至上百个竞聘者，其中大部分都是从欧美名校拿到博士学位的。我虽然已在新加坡工作多年，但若要竞聘该岗位并没有任何优先权，而要跟众多竞聘者一起公平竞争。一般这样的选拔过程要经过系选拔委员会、系主任、院选拔委员会、院长，最后是学校教务长的层层考核才能确定最终人选。因此，其实我当时心里根本没底，只是抱着权且一试的态度。非常幸运的是，我最后脱颖而出，成功地被录用了，我相信这同李德桃老师及薛宏老师多年来的悉心指导与鼓励是分不开的。

拿到助理教授一职后，终于可以开始着手成立自己独立领导的课题组了。经过调研，我发现新加坡所有的大学没有任何课题组开展内燃机燃烧与排放相关的研究，因此决定以此作为突破口开展相关的研究。这对我来说，也算是重回老本行。考虑到经费有限，我们决定以三维数值模拟为主、实验测试为辅的手段展开研究工作。在比较了常用的一些 CFD 软件如 FIRE、 Star-CD、FLUENT 及 KIVA 的优缺点后，我们最终购买了 KIVA 软件来进行内燃机相关的模拟计算。之所以选择 KIVA 程序主要有两个方面的原因，一方面是因为软件只要 5000 多美金，而且是永久使用的，而其他软件在当时非常昂贵，有的还是按年收费的；另一方面是因为 KIVA 程序是一个开源软件，使用者可以根据自己的需要来更改里面的任何代码，我们可以开发详细的化学反应机理来精确地模拟不同燃料的燃烧过程和排放物生成，还能够跟踪主要中间产物在内燃机燃烧过程中的变化历程等。这对我培养博士生去做一些原创性的工作是非常重要的。而其他的软件就像是黑盒子，里面的源代码是看不到的，也没办法更改，因此不知道模拟工作内在的运行机制。这些软件虽然很容易上手，但只能用来做一些优化设计，很难做出自己原创性的东西，这也是近年来通过这些软件模拟的相关成果报道越来越少的原因所在。当然 KIVA 程序也有它的主要缺点，比如界面很不友好，使用者需要花费大量的时间去读懂每一个子程序，如果功底不够深厚，则很难把自己开发的化学反应机理或别的子程序合并到 KIVA 程序里面去。这也是到目前为止，世界上真正能熟练使用 KIVA 程序进行科学研究的课题组少之又少的原因。说到这，我又不能不佩服李老师的远见了，其实他的课题组是国内最早使用该程序的研究团队之一。早在 20 世纪 90 年代，老师便引进了 KIVA 软件，并由我们课题组的一位师兄夏兴兰博士对它进行了二次开发，首次用来模拟涡流室式柴油机的工作过程，并取得了开创性的成果。稍显遗憾的是，因为该源程序是基于超级计算机的 Linux 操作系统写的，虽然夏博士以常人难以置信的毅力把它改成了在普通计算机上也可以运行的代码，但因为运行时间太长，实用性显得不够，同时还有一些适应性的问题没有得到完全解决。没想到的是，当我成立自己的课题组时，第一个想到的软件仍然是 KIVA 程序。当时，我真后悔之前没有跟夏博士好好学学使用 KIVA 程序。KIVA 程序是一个非常复杂的开源软件，源程序自带的化学反应机理是只适用于普通柴油的单步反应机理，不能模拟柴油真实的燃烧过程与排放物生成，更不能用于其他燃料的燃烧模拟。更令人烦恼的是，我们在花费大量的精力熟悉 KIVA 程序后，才发觉该软件本身是不可以用来运行复杂的化学反应机理的，需要耦合 CHEMKIN 软件才能把我们所开发的详细化学反应机理合并到 KIVA4 程序里，以用来模拟生物柴油及其他新型燃料的燃烧过程，这对我们来说又是一个很大的挑战。坦白地说，在此过程中，我们也经历过灰心与失望，但想到李老师在那么艰苦的条件下都能坚强地熬过来，因此就勉励自己及课题组的成员不要放弃，经过近两年时间的攻关，终于成功地克服了各种挑战，开发出可以用于详细化学反应机理的内燃机三维数值模拟平台。这个平台为我们课题组开展内燃机燃烧研究开创了全新的局面。此后，为了准确模拟燃油雾滴在燃烧室中的发展历程，我们把空穴在喷油孔中的生成机理与经典的喷雾破碎模型（KH–RT 模型）结合起来形成一个新的混合模型，从而把空穴生成对不同燃料喷雾破碎的影响加以考虑，此举显著提高了喷雾破碎模型的计算精度。随后，我们又首次开发了可用于精确预测不同成分生物柴油在各种温度与压力条件下的物理属性的数学模型，这对精确模拟生物柴油的喷雾破碎与物化过程又是非常关键的一步。从 2012 年开始，我们利用开发的内燃机数值模拟平台和相关模型，陆续对甲醇、乙醇、柴油、汽油与航空煤油等不同燃料在内燃机中的燃烧、排放物生成与氧化过程进行了深入系统的研究。最近，我们也开始了针对新一代低温燃烧技术，如双燃料发动机等的相关探索工作。

经过这些年的努力，我领导的课题组成功建立了第一个也是新加坡最完善的先进燃烧实验室。我们课题组已经成为在微尺度燃烧和内燃机研究领域独具特色的一个研究团队。作为负责人，近年来我承担了多个新加坡自然基金委及教育部的科研项目，并

作者在新加坡国立大学建立的内燃机测试台架（2018 年）

与中国清华大学王建昕老师、王志老师合作承担了两个中新合作重点项目，同时也与英国剑桥大学 Markus Kraft 教授共同承担了一个中英重点合作项目。目前，共发表了 200 余篇 SCI 检索的学术论文，其中在 1 区期刊上发表论文近 100 篇，并于 2017 年成功获得了新加坡国立大学的终身教授职称。而这些成绩的取得，与李老师曾经的教导与鼓励是分不开的。

作者简介

杨文明（1974—），新加坡国立大学终身教授及工程学院院长讲座教授。1994 年毕业于江苏大学，2000 年获江苏大学博士学位。曾获机械工业部、江苏省及教育部科技进步奖多项。主要研究方向包括内燃机的燃烧过程与排放物控制、微型热光电系统及生物质锅炉等。

勇于挑战　寻求突破

何志霞

1998年9月，我通过考研跨入了江苏大学的校门，时光荏苒，今年恰逢二十年。从硕士、博士、讲师、副教授一直到教授；从流体机械、动力机械、工程热物理到新能源专业方向；从流体中心、能动学院到能源研究院，有着身份的转换、工作单位的转换，也有着专业方向的不断变化。面对当前及未来国家能源领域的重大战略需求，在迷茫探索中，科研思路益发清晰，科研的道路也走得益发坚定。在二十年的科研之路上，研究生求学期间所形成的科研素养一直滋养着我走到了今天。

我的硕士导师是水泵领域的著名专家关醒凡教授。读硕士期间，结合上海凯泉水泵的选型需求，将AutoCAD、VC++及数据库相结合，开发了当时国内颇为实用的一套水泵选型销售软件系统，毕业之后在关老师的进一步指导下又相继开发了水泵蜗壳、径向导叶及叶轮水力设计软件系统。关老师在20世纪90年代计算机及网络刚刚开始发展时，就以前瞻性的眼光，将自己几十年的水泵设计经验融入计算机辅助设计软件系统的开发中，而我也有幸站在了该领域研发的前端。关老师重视将国家、市场重大需求和前沿科学技术紧密结合，以市场为导向开展研发，推动行业进步的思想使刚踏入科学研究领域，对科学研究尚处于懵懂中的我，在潜意识中就有了“科学研究的第一动力一定是社会及市场需求”的科研底色，并一直影响我到今天。

2001 年硕士毕业后，在去上海交通大学读博士，抑或去南京航空航天大学、几家软件公司工作等众多选择中犹豫不定时，袁寿其书记推荐我认识了李德桃教授。初次见面，李老师朴实的话语，谈到自己研究领域时滔滔不绝，所释放的激情和神采深深感染了我，不知是不是一种缘分，非常奇妙的是，自己也不知道真正打动我的是什么，我的犹豫突然荡然无存，当时就非常坚定地决定要从水泵领域进入内燃机领域。

进入李老师课题组后，才开始阅读李老师近几十年来科研积累所出版的 3 本专著，《柴油机涡流燃烧室的研究与设计》（获机械工业出版社优秀图书奖）、《柴油机冷起动的基础研究和改善措施》、《涡流室式柴油机的燃烧过程和燃烧系统》，不得不为李老师在涡流室式柴油机研发方面的贡献和在国内外所取得的地位而叹服。20 世纪 90 年代，国际上出现了高压共轨式电控燃油喷射技术，并得到了快速发展，使得柴油机缸内直喷燃烧技术相比较涡流室式非直喷燃烧技术在优化缸内燃烧和获得低排放、低油耗方面体现出更大的优势，被内燃机业界公认为是 20 世纪的三大突破之一。20 世纪 90 年代末期，李老师以自己的远见卓识从对涡流室式柴油机的研究，进一步开始关注这种高压共轨式电控燃油喷射技术，进而高质量地指导了无锡油泵所胡林峰副所长和河南科技大学吴建院长在高压共轨燃油喷射系统研发方面的博士论文工作。我也有幸在前面两位专家级师兄的工作基础上进一步开展了高压共轨式燃油喷射系统内部非稳态流动及喷嘴内部空化两相流动的数值模拟工作，并在课题组自主研发的光学发动机上开展了喷嘴结构对喷雾燃烧特性影响的可视化试验研究。特别是在喷嘴内部空化两相流动方面的工作也成为国内最早一批关注这种高压喷射喷嘴内超高速、强湍流、强瞬态、毫秒级喷油持续期内的空化两相流动特性及对喷雾影响方面的工作，近十年来该领域研究工作的重要性已经被越来越多内燃机行业的研究者所重视。面对新一代均质压燃、低温燃烧技术对燃油喷雾混合质量的更高要求，对燃油喷射及喷雾过程精确、可靠控制的更高要求，燃油喷射喷嘴内部流动的研究正成为内燃机领域的研究热点之一。

在此，非常感谢老先生在研究了几十年涡流室式柴油机的基础上，能精准把握行业发展、国际前沿，勇于踏出去，探索新的领域，让我有幸能以流体机械专业的本科及硕士研究背景，顺畅地进入内燃机的研究领域，并非常快地找到自己的兴趣点，且能一直坚持这么多年。试验方面从比例放大透明喷嘴内空化流动的可视化、基于 3D 打印技术实现比例放大透明喷嘴尺寸的精准控制从而实现对壁面空化的抑制，进而捕捉到另外一类特殊的旋涡诱导空化（线空化）现象、实现原型 0.15mm 喷孔直径透明喷嘴内部空化流动的可视化、采用新型材料将原型透明喷嘴内流喷射压力从国际上的 40MPa 提升到 110MPa、在高喷射压力下的微小尺寸喷嘴内清晰捕捉到特殊的旋涡空化现象、揭示了两次喷射过程中气泡倒吸所诱发的喷雾不稳定性问题、旋涡空化所诱发的燃油喷射系统压力波动现象，一直到提出旋涡空化诱发中空喷雾强化喷雾雾化的原理，基于此有望解决柴油机小负荷、小喷油量下喷雾雾化差的技术难题。数值模拟方面则从耦合喷嘴内流的喷雾模拟、耦合喷嘴内流同时将喷雾区的近喷嘴喷雾稠密区欧拉喷雾和远场稀疏喷雾区离散液滴喷雾模型相结合发展新的 ELSA 喷雾模型，到同时考虑液相、空化蒸汽相、空气三相的喷嘴内流耦合喷雾的 LES 大涡模拟。面对越来越高的喷射压力，燃油升温现象使得热力空化模型的建立、空蚀模型的建立、燃油高压缩性下空化模型的发展、壁面粗糙度对空化初生和发展的影响、综合流通性能、空蚀性能及喷雾性能的喷嘴综合评价模型的建立，超高速微小尺度下喷嘴内部空化两相湍流场的Micro-PIV的测试，等等，这些新的问题、新的挑战不断涌现。空化现象，百年的经典问题，复杂而又充满奥秘，如同一个深不见底的矿藏，不断挖掘，不断有新的发现，也让我越来越多地看到很多非常有意思的流动现象，这个领域越来越吸引我，让我着迷，也成为我近20年持之以恒进行研究的一个重要方向，而正是李老师的引领让我进入了这样一个神奇的世界。

李老师紧跟国际前沿，顺应时代潮流，高瞻远瞩，除开拓出了我所从事的高压共轨式燃油喷射系统这个研究方向外，更是在同一时期内在国内最早引入了对微尺度燃烧的研究，随后也成为国内燃烧领域非常热的一个研究方向。这两个方向的提出与李老师多年以来重视与不同企业、不同高校的合作，重视国际交流与合作是不无关系的，前者是与无锡油泵油嘴研究所的多年合作拓展的研究方向，而后者则是与美国及新加坡多所高校的紧密合作从而确定出的这一国际前沿的研究方向。跟随李老师多年，“四跨”的科学研究模式深深影响着团队的每个研究生。

除此以外，老先生钻研了大半辈子涡流室式柴油机，在60多岁时能进一步拓展新的研究领域，这对我们年轻一辈的研究者来说触动是非常大的，对我个人的影响更大。因为我们往往习惯于待在自己擅长的、有一定基础的研究方向上，按部就班地往前走，要让我们跨出去，根据国际发展前沿、国家重大需求、学校事业发展，以及根据你所进入的课题组的重点研究方向，在自己原有研究方向上做出适当的调整，做起来其实还挺难。而我从本、硕流体机械专业方向流体流动方面的研究到读博士开始内燃机专业方向传热及喷雾燃烧的研究，再到工作后先后在能动学院新能源系任系主任、能源研究院任副院长，就不得不进一步往新能源研究方向去拓展，开始做藻类生物质热转化制取生物油及生物油进一步提质制备生物柴油方面的研究。每一次的调整都有着太多的犹豫和彷徨，都需要付出很多，但又充满着很多未知，而每次比较犹豫的时候，都是李老师不断探索新的研究领域的这种魄力和精神鼓舞着我，探索新的研究领域从而有了新的增长点，并取得了更好的成绩，也让我能更加坚定地一次次地做着思考和调整，一次次有了更为开阔的天地。

我本科、硕士的专业方向均是流体机械，并没系统学过工程热力学、传热学这两门课程，而这两门课对于现在的能源与动力工程专业方向的学生来说则是核心的专业基础课。到了读博士开始转入内燃机专业方向，虽然做的是燃油喷射系统空化两相流动的研究，但我认识到不能只是单纯地把它看成两相流动问题，一定要跟发动机缸内工作过程，喷雾燃烧和碳烟生成过程联系起来，对两相流的研究才会更有针对性。所以，我需要投入更多的时间去学习热力学、传热学、燃烧学、内燃机原理等课程。特别是燃烧学，当时也是工程热物理系承担的唯一一门课，我研究教材，逐字逐句去理解，并向当时这门课的主讲教师反复请教，手写讲义都做过 2 份，从网上下载了大量国内名校的燃烧学课件，细心研读，课件的 ppt 从中文做到英文，对教材基本上做到比较熟悉了，才开始如履薄冰地给学生讲授这门课。博士毕业后还专门去德国卡尔斯鲁厄理工学院燃烧研究领域知名的 Ulrich Mass 教授门下做博士后一年，开展基于 PDF 概率密度函数的喷雾湍流反应流数值模拟的研究工作。当时给学生讲燃烧学时，下了功夫，可以不看教材、课件，在黑板上尽情板书，甚至尝试了双语教学，也自认为很对得住学生了，但现在看来，当时的我依然对燃烧只知皮毛。而经过多年在内燃机领域内的耳濡目染和不断学习积累，才开始对燃烧过程及本质逐步有了深入的理解。

作者在德国卡尔斯鲁厄理工学院热力技术研究所做博士后
（左一：Ulrich Mass 教授）（2007 年）

2015 年课题组购置了高温高压定容燃烧弹后，开始指导硕士生和博士生在定容燃烧弹内开展喷雾燃烧及碳烟生成过程光学诊断方面的研究，短短三年多时间内，发表了近 10 篇喷雾燃烧方面高质量的 SCI 一、二区检索论文。从对定容燃烧弹及喷雾燃烧过程的光学、激光诊断的零基础到短短三年内研究生熟练掌握了该试验台的操作，并能不断创新测试方法，提出新的研究内容，看似容易，实则并不容易，也颇多周折，这又恰恰是与李老师长久以来倡导的国际合作对我的影响分不开的。

如前所述，尽管自博士毕业就开始给本科生讲授燃烧学，也去了德国在燃烧方向开展了一年的博士后研究，但进入一个新的领域的确不容易。燃烧问题又实在比流动问题复杂很多，涉及传

作者所在团队搭建的 250MPa 高压共轨式燃油喷射系统及定容燃烧弹试验系统（2015 年）

热传质的能量方程，涉及化学反应的组分输运方程，而液体燃料的燃烧又是喷雾、蒸发、湍流和燃烧反应强烈地耦合在一起，所以自 2008 年德国留学回国后，燃烧方向的研究并没能马上高效开展起来。而是在随后的三年多时间内跟踪国际上喷嘴内部空化流动研究做得最有代表性的英国伦敦城市大学 D. Arcoumanis 和 M. Gavaises 教授所在团队的工作，并在喷嘴内部空化两相流动的试验研究方面取得了较大的进展。随着在燃油喷射系统内部空化两相流动及喷雾研究方向上工作的不断深入，我在国内外该研究领域逐步建立起了一定的学术地位和影响，并被聘为英国伦敦城市大学空化研究国际顾问委员会委员。

在喷嘴内空化流动及喷雾研究工作有序推进过程中，我也始终尝试着向燃烧方向进行拓展，2011 年指导研究生开始涉及缸内燃烧过程数值模拟方面的工作，与美国伊利诺伊大学芝加哥分校的 S. K. Aggarwal 教授建立起了合作研究关系，2012 年在 S. K. Aggarwal 教授实验室访学 3 个月，之后也邀请他来我校给本科生讲授了燃烧学课程。在他的帮助和指导下，我们燃烧数值模拟方面的工作高效开展起来，硕士生玄铁民发表了两篇 SCI 文章，于

2013 年完成硕士论文。在这一段时期，我也很关注行业内的重要国际会议，参加了每三年一次的 ICLASS 喷雾国际会议、每年一次的 ILASS-Asia 亚洲喷雾国际会议、每三年一次的 CAV 空化国际会议，通过积极参与行业内高水平的国际会议也认识了一批国外高水平的教授。此外，还特别注意到了国际上西班牙瓦伦西亚理工大学 CMT 发动机研究所每年承办的 THIESEL 发动机传热及流动国际会议。CMT 发动机研究所是国际上非常知名的发动机研发团队，所以这个国际会议在发动机领域也是很有影响力的，正是 2012 年的参会，让我们团队有机会接触到 CMT 研究所的一些知名教授，从而也让 2013 年硕士毕业的玄铁民有机会拿到对方的资助去 CMT 研究所攻读博士学位。玄铁民从事定容燃烧弹及光学发动机喷雾燃烧光学诊断方面的工作，特别是在利用 DBI 消光技术开展燃烧碳烟测试方面做了很多创新性的研究，在 4 年的博士学位攻读期间积累了大量燃烧碳烟光学诊断方面的技能和厚实的理论功底，于 2017 年底成为 CMT 研究所第一个获得博士学位的中国留学生。博士生钟汶君也于 2015 年至 2016 年间在 CMT 研究所做了一年的博士联培，玄铁民及钟汶君在 CMT 研究所期间充分发扬了中国学生的勤奋和聪慧，给 CMT 研究所留下了非常深的印象。尽管他们那边每年在接收海外留学生及访学学生方面的筛选很严格，但对我们课题组的研究生还是非常欢迎的，2019 年 3 月，博士生商伟伟去那边开展两年的博士联培研究。

我们自己实验室定容燃烧弹内喷雾燃烧光学诊断方面的工作自 2015 年以来能快速推进和开展起来，也正是与玄铁民在 CMT 研究所读博士期间就开始协助我指导硕士生李达及曹嘉伟的工作，以及钟汶君在 CMT 研究所一年的博士联培期间的学习和积累分不开的。李达 2017 年硕士毕业，论文获评 2018 年度江苏省优秀硕士论文；曹嘉伟于 2018 年 6 月完成燃烧碳烟光学测试方面的硕士论文，于 10 月拿到国家留学基金委四年的博士资助去荷兰格罗宁根大学攻读博士学位。

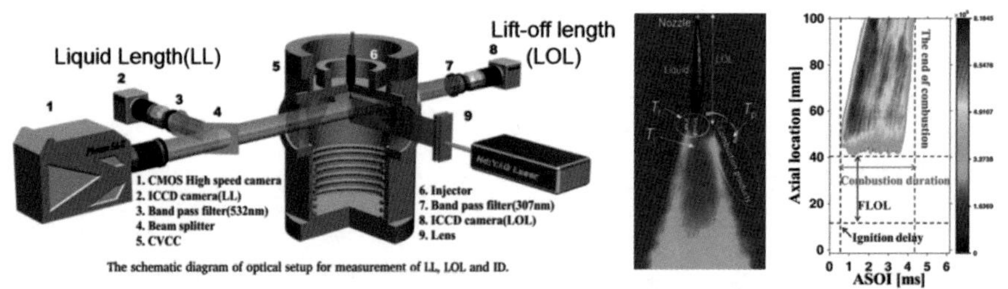

燃烧条件下喷雾液相长度LL、火焰浮起长度LOL及着火延迟期ID的同步测量（李达、钟汶君）

作者所指导的研究生在定容燃烧弹内喷雾及燃烧碳烟光学测试方法方面的创新及部分测试结果（2017 年）

提到发动机喷雾研究，日本广岛大学的广安博之先生可谓喷雾研究的鼻祖，我们自 2014 年开始，先后与广安博之先生的学生 Nishida（西田）教授、Arai 教授都建立起合作关系，Nishida 和 Arai 教授也是当前发动机喷雾燃烧领域非常知名的教授。我们团队先后有冷先银老师去西田教授那边做了 2 年博后，2017 年硕士生金煜跟随西田教授攻读博士学位。自钟汶君和玄铁民学成归国入职江苏大学后，2018 年底我们也引进了西田教授那边的得意门生杨康博士和司占博博士。

发动机燃烧数值模拟方面则在与大连理工大学广泛交流的基础上，引进了解茂昭教授和贾明教授团队培养的张延志博士。2016—2017 年，我在美国阿贡国家实验室 Sibendu Som 博士团队做访学一年，他的团队在发动机 CFD 数值模拟方面是目前国际上最有代表性的。这样的合作均进一步强化和提升了我们团队在喷雾燃烧数值模拟方面的能力。

作者在美国阿贡国家实验室访学（左五：Sibendu Som 博士）（2016 年）

正是这种对国际交流与合作研究的重视，科研的国际化意识帮助我从空化两相流动领域很好地拓展到了喷雾及燃烧领域，并且能在实验室上了定容燃烧弹及激光测试系统后的短短三年多时间内凭借着一系列高质量 SCI 论文的发表开始引起国内该研究方向专家学者的关注，特别是针对新一代加氢催化二代生物柴油喷雾及燃烧碳烟方面的研究。

可再生的替代燃料技术及其在发动机上的应用是解决能源短缺和发动机尾气排放所造成的环境污染的一种重要的技术手段，生物柴油因其对发动机结构无须改动即可直接使用，从而在众多替代燃料中脱颖而出。提到生物柴油发动机的研究，江苏大学一度在该领域做了非常多的工作，但传统脂肪酸甲酯生物柴油因长期使用对发动机橡胶类部件的腐蚀、与柴油混合的不稳定性、因含氧所引起的发动机高 NO_x 排放等，使得其在发动机上的应用频频受阻。因为各种机遇，我进入能动学院的新能源系以及到了目前所在的能源研究院，引发我的反复思考，内燃机要跟新能源结合起来，生物质制备液体燃料，并进而提质成生物柴油用于发动机实现降油耗和排放是非常有潜力的一个研究方向。

2013 至 2014 年期间，我尝试开展了利用空化技术强化生物柴油脂交换反应以提升生物柴油产率的研究，两年中搭建了试验台、开展了一些实验及数值模拟研究，但该方向的进展始终不大。此后，我在相关学术会议中开始捕捉生物质方向的一些研究前沿和热点，2015 年在第一届全国青年燃烧学术会议的大会主题报告上听了浙江大学王树荣教授关于生物质热解方面和程军教授关于藻类培养和热转化方面的报告后，深受启发，并在会后积极跟两位教授交流，初步有了要做藻类能源转化利用方面研究的想法。在随后的一个月里先后走访调研了浙江大学、华中科技大学、华北电力大学这几所在生物质热转化研究方面比较有代表性的高校，并阅读了一批生物质热转化方面的教材和专著，包括英文著作，连续好些个晚上会看书到凌晨 2 点，欲罢不能，似乎又找到了新的兴奋点，做了这么多年科研，后来这些年基本都是看期刊文章，已经很少看专著及教材了。

通过跟这个领域专家的交流，以及自己逐步对这个方向越来越深的理解，我锁定了藻类水热液化制取液体燃料这个方向。这方面，美国做得较多，国内的研究相对较少。我特意派研究生专门参加了几个关于藻类能源利用的学术会议，还在网上搜到了清华大学吴玉龙教授在这个方向上正承担着两项国家自然科学基金项目的研究，清华大学也属于这方面产业化做得非常好的典范。所以，通过别人的引荐，我专程去了清华大学向吴教授请教，吴教授为人非常谦和热情，给予我一个初做这个方向的年轻学者非常大的帮助。我回学校后迅速派了我的研究生纪长浩去清华大学吴教授实验室学习水热反应整个试验系统的组成、原理及操作等。纪长浩学习了三周后回校就在我们这边搭建起自己的藻类水热液化研究实验台，通过在我们课题组内的反复研讨，没日没夜的试验，以极快的速度，在他研究生第二年就在能源领域顶级期刊 *Energy Conversion and Management* 上发表了 SCI 检索的一区期刊论文，并获得了研究生国家奖学金，毕业时的硕士论文也被评为校优秀硕士论文。这为我进入一个新的领域迎来了“开门红”。这离不开研究生自身的天分和努力，更离不开对校际之间交流合作和学术会议积极参与的重视。这也是李德桃老师“四跨”团队的科研思路对我直接影响的结果。

2014 年 5 月，我进入新成立的能源研究院。研究院初成立时的专职研究人员只有 8 人，发展到今天，专职科研队伍已达 50 人，有化学、材料、能源动力、环境、汽车等不同背景的，这为做交叉学科的研究创造了非常好的条件。在李华明院长的引荐下，我们接触到了做二代加氢催化生物柴油的企业，跟他们的合作研发大大助推了新一代加氢催化生物柴油在车用领域的产业化应用。这种由地沟油经加氢催化工艺所制备的生物柴油，在一步加氢催化工艺后的油是直链烷烃结构，十六烷值高达 100，冷凝点高，无法直接车用，需要第二步临氢异构工艺来降低十六烷值和凝点，但用到了铂催化剂，成本大大增加，很多化学背景的研究者不断地专注于第二道工艺的研究以降低成本，但很多年的攻关未果，使得国内该种生物柴油始终没能走出实验室。而我们研发团队的介入，基于从燃油喷雾燃烧特性的光学诊断到该二代生物柴油与柴油掺混后的发动机适应性，以及燃油喷射策略方面的研究，进一步明确了该二代生物柴油的一步催化制备进而与石化柴油混燃用于发动机产业化应用的新技术路线，解决了原两步催化制备工

作者所合作企业扬州建元在国内建成的首套20万吨/年的二代加氢催化生物柴油生产装置（2016年）

艺所带来的工艺复杂、生产成本高、研发难有突破，进而难以产业化的问题，从而实现了这种经一步催化工艺制备的新一代加氢催化生物柴油在发动机上的高效应用，并取得较好的降油耗和排放效果，且不存在一代脂肪酸甲酯生物柴油用于发动机后的腐蚀、不稳定性等弊端。合作企业扬州建元生物科技有限公司的加氢催化生物柴油装置也成为国内首套20万吨/年的二代生物柴油生产装置，油品和生产线通过ISCC欧盟生物燃料认证，取得进入欧洲市场的通行证，生产燃油远销欧洲，该研究成果于2017年获得江苏省科技进步二等奖。

2017年度江苏省科学技术奖

证　书

为表彰江苏省科学技术奖获得者，特颁发此证书。

项目名称：二代生物柴油的制备及发动机适应性关键技术

奖励等级：二　等

获 奖 者：何志霞

证书号：2017-2-2-R1

作者牵头的项目"二代生物柴油的制备及发动机适应性关键技术"成果获江苏省科技进步二等奖（2017年）

随着对喷雾燃烧过程和内燃机工作过程理解的不断深入，面对当前中国石油类燃料大量进口，受制于国外，政府大力强推电动车的现状，我们逐步坚定了自己将围绕可再生替代燃料的制备及基于燃料设计和燃油喷射策略研发达50%热效率的新一代均质压燃、低温燃烧模式发动机的想法。进而，自2018年初与上海交通大学吕兴才教授针对汽油压燃燃烧技术在低负荷和高负荷分别存在的问题，共同提出将加氢催化生物柴油与汽油掺混来拓展汽油压燃燃烧GCI发动机的工况范围的设想，当前已经取得了较好的试验效果。同时，当前甲醇类燃料作为可再生燃料，虽然成本远远低于汽、柴油，价格仅为汽、柴油价格的1/3，但存在含氧量高、热值低、汽化潜热大及十六烷值仅有3~5所引致的小负荷着火不稳定问题，而加氢催化生物柴油不含氧，具有较高的低位热值（44MJ/kg，甚至高于柴油），十六烷值高达103，与甲醇形成强烈互补，从而将加氢催化生物柴油与甲醇乳化混合应用于发动机上，在实现石化燃料全替代的基础上，有望获得更高的热效率和更低的排放。在发动机大的研发主题下，学科方向的交叉会激发出更多的想法，科研学术体系也益发清晰，脚下的路会越发开阔，而我在科研这条路上也走得更加坚定。

非常庆幸在硕士期间遇到了关醒凡教授，在博士期间遇到了李德桃教授，给了我很好的科研启蒙，“科研以转化为生产力为目标”“勇于探索新领域”“严谨细致的科研作风”“四跨的合作研究”均在我整个科研道路上潜移默化地影响着我，让我终身受益。借此机会衷心感谢导师李德桃教授对我科研道路的引领，以及在科研素养形成方面的精心培养！更是衷心祝愿老人家身体健康！

李老师团队中的老大哥王谦教授，则从我开始工作起，从燃烧学授课、博士期间课题的研究到毕业答辩，从喷嘴空化两相流动的研究、喷雾燃烧光学诊断研究到生物质热转化及新一代生物柴油在发动机上的应用研究等整个科研体系的形成过程中均提供了非常多的支持和帮助，亦师亦友，在此也表示由衷的感谢！

作者简介

何志霞（1976—），江苏大学教授，博士生导师，能源研究院副院长。2007年至2008年在德国卡尔斯鲁厄大学做博士后研究；2012年及2016年至2017年分别在美国伊利诺伊大学芝加哥分校和美国阿贡国家实验室做访问交流。先后入选江苏省“青蓝工程”中青年学术带头人、江苏省“六大人才高峰”，江苏省“333工程”培育人选。主要研究方向为：动力机械喷雾燃烧理论与技术、空化两相流动的数值模拟和试验、能源利用中的热流体理论与技术。

似水年华　依稀回眸

潘剑锋

光阴荏苒，不知不觉间我也到了不惑之年，在江苏大学学习和工作也有 22 年了。恰逢李老师召集我们出本书，正好对自己这一段历程进行大概的回顾，并谈一些感触。

我出生于农民家庭，太公是乡里唯一的一位戴花翎的秀才，我的家庭历来重视读书，敬重读书人。1993 年开始我在华罗庚中学读高中，1996 年参加了高考，成绩不怎么理想。填志愿时，班主任张红虎老师指导我填了江苏理工大学（江苏大学前身）的热能工程专业，主要有两点考虑：一是认为就业面向热力发电厂，工作待遇不错；二是学校就在镇江，离家近。我顺利被江苏理工大学录取了。

下午就要去学校报到了，母亲做了丰盛的午餐，还特意让我多吃了一个鸡腿，可惜我晕车，坐汽车还没有到丹阳就吐光了。公交车刚到汝山，我便赶紧下车，和爸爸一起拉着箱子来到了学校。

大学的第一学期过得很快，记得报名当了班里的学习委员，自己学习也比较努力，期末考试成绩不错，高数还得了全系第一。然而就在这一年的 10 月，父亲做了脾脏切除手术，家里的重担一下子压在了我母亲身上。

大学第二学期班委改选，我被选为班长，在为班级同学服务的同时，自身也得到了很好的锻炼。这学期我的学习成绩也很不错，公认难学的大学物理还考了 90 多分。遗憾的是，母亲因为吃饭频繁打嗝，去医院检查时发现生了肿瘤，家里因为求医治病顿时陷入困境。班主任房德康老师知道后，还帮我申请了临时特困补助。

接下来的几个学年的第一个月，我是没有新课本的，因为要先申请学费缓交或者减免才能交书费后领书。1997 年系党总支郑培钢副书记帮我申请免掉了 1 年的学费，之后 2 年的均是缓交。其间系里的吕玉娟书记也非常关心我，多次找我谈话。母亲因为病情恶化，于 1997 年冬天去世，结束了辛勤的一生，子欲养而亲不在，实为我一生最大的遗憾。即使这样，我第二学年所有功课成绩全部 90 分以上（英语除外），荣获了学校的“三好学生”标兵。当年学校一共评了 27 人，领奖时，就我一个男生站在领奖台的正中间。

忙忙碌碌的大学生活就快要结束了，大四上学期可以申请保送攻读研究生，我顺利入选了。当时的规定是但凡保送生都要求留校工作，我就这样在 2000 年 7 月本科毕业的同时开始了在江苏

作者陪同导师及几位老教授看望高良润先生并合影（2016 年）

大学的教研生涯。

我硕士阶段的导师就是李德桃教授，事实上，我本科的毕业设计也是他指导的。2001 年年初，李教授去无锡油泵油嘴研究所指导研究生，同时想撰写两份国家自然科学基金申请书，需要一名学生协助做一些文字输入和修改工作，我就自告奋勇地承担起这项任务。其中的一个项目是“微型发动机燃烧过程和燃烧室的基础研究”，当时觉得这个方向有前瞻性，也很有兴趣，提出以后就将此作为自己研究的主要方向，李教授也同意了。2002 年提前攻博考核通过后，李教授更是倾囊相授，研究工作不断取得新的进展。这其中，时时处处感受到团队的支持和关心。一如薛宏教授，多年如一日经常和我们探讨研究要点和解决方法，并详细为我们的申报书和论文等提出修改意见；又如杨文明教授，在我们发表 SCI 论文时给予了诸多的指导和帮助；再如胡林峰高工，在光学发动机试验台搭建过程中倾注了诸多心血；等等。

2003 年，我第一次跟随李教授参加了在中国科学技术大学举办的中国高校工程热物理年会，此后便一直积极参加国际国内的学术会议，仔细了解和学习同行专家的最新研究成果和科研思路，多向他们虚心求教。同时积极向高水平期刊投稿，发表学术新见解和研究新进展。

2004 年，李老师已经 70 岁了，记得在这年的劳动节，正好收到《内燃机工程》发来的一篇论文的修改意见。为了校核喷油时刻的曲轴转角，李教授还专门和我一起去实验室进行了测试。心中暗叹李教授的治学之严谨，他的成绩斐然与他长期坚持科研一线的实干精神是分不开的，同时我也暗下决心要好好学习这种精神。

我是获保研资格就留校工作的，至 2000 年 7 月开始就成为工程热物理研究室的一员，从此这一烙印逐年加深，刚留热物理时，研究室就李老师、王谦师兄、单春贤师兄和我 4 个人。2004 年秋，我作为教师开始第一次给本科生上课，开场白大致就是，我姓潘，来自工程热物理研究室，目前博士在读，本学期将和大家一起学习“燃烧学”的课程。当时，李老师和王谦师兄对我帮助较多。此后，我一直担任着这门课程的主讲老师。后来，经大家一起努力，获批了江苏大学“842工程”精品课程，并编著教材、建设网站等。2006年开始，我担任工程热物理系的副主任，更开启为工程热物理师生的服务之旅，在我电脑的文件中，现在还保留着“工程热物理系相关”这一文件夹，内容包括专业方向介绍、招生宣传、课程安排、工作量计算，等等。时至今日，我还记得2007年1月代表系里向学院汇报提出的科研建设目标：在动力工程及工程热物理学科建设的引领下，通过对江苏大学能源领域的优势资源整合，建成在本学科研究领域创新的优秀研究团队和先进的开放合作平台，在全国有一定的知名度。2011年，我担任了工程热物理的系主任。现在回头想想，热物理的氛围还是不错的，大家在一起组织了那么多有意义的支部（系室）活动，学习了那么多重要的文件和精神，研讨了那么多教学、科研乃至生活问题，可以说是，系室发展，伴你成长。这里面，有李老师高瞻远瞩的科研指引，有齐红老师呕心沥血的教学引导，有单春贤老师淡泊明志的言传身教，有王谦老师运筹帷幄的统筹规划。当然，还有我们诸多年轻老师的激情付出。但如果一定要问现在的热物理和2000年我刚入职时到底有什么不同，尚有哪些不足，还需要哪方面的努力，我一时还真答不上来，或许还需要时间的沉淀和洗礼……

在学科带头人袁寿其研究员的带领下，我所在的动力工程及工程热物理学科获得了蓬勃的发展。在这个背景下，作为年轻教师的自己，也陆续取得了一些成绩：硕博连读获得博士学位，破格晋升了副教授和教授，获批国家公派赴新加坡国立大学（2009—2010）和美国普林斯顿大学（2017—2018）留学。出版专著1部，

燃烧理论与节能技术研究团队与李德桃教授、杨文明教授的合影（2018 年）

撰写教材 2 部，共发表刊物论文 173 篇，其中 SCI 论文 72 篇（ESI 高被引 4 篇），EI 论文 57 篇，被国内外知名学者包括国际权威学术期刊主编、院士等引用 1800 余次；博士论文获“江苏省优秀博士学位论文”，获批国家自然科学基金 4 项，获教育部自然科学二等奖 1 项，获省部级科技进步二等奖 5 项、三等奖 1 项，省部级鉴定 4 项，授权发明专利 30 项。2006 年入选江苏省“青蓝工程”优秀青年骨干教师，2011 年入选“江苏省六大人才高峰”，2015 年入选江苏大学“青年拔尖人才造就对象”，2016 年入选江苏省“333 工程”中青年科学技术带头人并参加了国家优秀青年基金答辩。现任江苏大学能源与动力工程学院副院长、教授、博士生导师，中国高校工程热物理学会理事，《燃烧科学与技术》编委。担任 *Applied Energy*、*Energy*、*Fuel* 和 *Energy Conversion and Management* 等 20 余种国外学术期刊的审稿专家，也担任《内燃机学报》《兵工学报》《农业机械学报》和《燃烧科学与技术》

等10余种国内期刊的审稿专家。共指导博士研究生8人（2名留学博士生）、硕士研究生35名，协助指导博士研究生3名、硕士研究生9名，他们当中获省优秀博士学位论文1篇，协助指导校优秀博士学位论文2篇，校优秀硕士学位论文2篇。

作者与国际著名燃烧学专家普林斯顿大学 Yiguang Ju 教授合影（2018年）

作者与国际著名能源专家新加坡国立大学 SK Chou 教授合影（2017年）

团队培养了我，我自己也时刻想着反哺团队。2002年李德桃教授申报院士时，我放下手头工作，前前后后忙着组织材料等具体工作，为导师和团队尽心尽力；薛宏老师指导的两名博士生的一些具体指导工作落在我肩上，我唯恐坏了薛老师的名声、辜负这两位博士生也是在职老师的期望，一直尽心尽力做好培养工作，效仿李老师的工作模式，每篇小论文投稿前都逐字逐句修改3次以上，为了他们更快更好地发展，所有文章也全部由他们作为第一作者，也算为继承李老师倡导的“四跨”做了一点实实在在的工作。李老师在出《动力机械工作过程及其测试技术研究：李德桃教授论文选集》和《我的人生》这两本书时，我也倾力支持，并发动本团队的老师和学生一起帮忙；当团队成员在科研、工作等方面需要帮助的时候，我也热心地给予建议和支持。

总的来说，在江苏大学和李老师团队的带领下，我深刻觉悟到：作为年轻的教育工作者，应该始终坚持党的领导，热爱教育事业，认真贯彻党的教育方针，具有正确的世界观、人生观和价值观，对待科学研究工作要始终保持求实进取、开拓创新的精神，以饱满的精神努力学习和钻研业务知识。另外，要像李老师等老一辈教育工作者那样，勤奋努力，肯吃苦，讲奉献，怀感恩之心，不计较个人得失，淡泊名利，并具有良好的团结协作精神。最后，衷心感谢江苏大学一直培养我的诸多老师、领导，还有燃烧理论与节能技术研究团队成员和诸多研究生的大力支持。

作者简介

潘剑锋（1978—），江苏大学教授，博士生导师，江苏大学能源与动力工程学院副院长。本科毕业设计开始就跟随李德桃教授学习，2005 年获江苏大学博士学位。2009 年至 2010 年、2017 年至 2018 年分别在新加坡国立大学、普林斯顿大学做访问学者。长期从事气液燃料燃烧领域的教学和科研工作，主持国家自然科学基金 4 项，出版专著 1 部，以第一或通讯作者发表 SCI 论文 46 篇，获省部级科技进步奖多项，授权 PCT 专利 1 项、国家发明专利 30 项，入选第十届镇江市十大杰出青年、江苏省“六大人才高峰”、江苏省“333 工程”培养对象等。兼任中国高校工程热物理学会理事，《燃烧科学与技术》编委。

回顾我的硕博之路

邵　霞

因为种种机缘，给了我供稿一篇的机会。惴惴中藏着一抹雀跃，待捉起笔，倒起了不知从何开始的踌躇。那些始终给我力量的师长，让我心生温暖的朋友，都值得我铭记和纪念。

千禧年伊始，走上工作岗位没多久的我，在那些似乎总也完结不了的学生工作之余，耳听眼见着身边的朋友这个读研、那个直博，不由得也考虑起自己未来的发展道路。

在我家乡所在的偏僻山村，一个农村家庭培养女孩读书并考上大学已是了不得的事情。如今大学毕业了还要读研究生，连父母都觉得似乎没有那个必要。二十大几岁就该好好工作，书读到什么时候才是个头呢？可是外面的世界并不是山乡的那方小天地，提升学历，成为我的首个计划目标。受当年情况所限，在本校读研是不二选择，而选择谁作为导师呢？默默地打听来的信息都指向同一个导师：李德桃。是啊，在当年学校以教学为主导的大环境下，科研项目不断、科技报告讲座不断、硕士博士培养不断的人，真是凤毛麟角。可我第一次见到李老师，并大胆向他提出我的想法时，情形却是这样的：仲春的一个上午，接待完课间来沟通工作的学生们后，我下意识地踱步到主楼办公室窗口，恰好看到了满头白发的李老师离开主楼并往楼前坡底的方向走。当时我也不知哪里来的勇气，飞跑下楼，在坡底下拦住了李老师，喘着粗气谈了我的想法。我还清楚地记得李老师很和蔼地对我说："年轻人，你自己能有这想法很了不起啊，将来高校对教师的学历要求只会越来越高的。"我正暗自高兴，他又说："可是我已经退了，不能再带研究生了。"之后我们还聊过什么，我已经不记得了。我只知道当时心里一阵尴尬，就没有然后了。此后，日子一天一天过，偶尔也会泛起再无机会的小遗憾。

当我得到批准可以考研的时候，我选择了单春贤老师作为硕士导师。一方面是基于我们几年共事获得的相互了解，他温文尔雅，为人和善，做人做事正派扎实。另外一方面是因为我知道单老师是李老师科研团队的重要成员之一，实验动手能力超强是他的突出特点之一。这也算是我的曲线迂回，最终还是来到了李老师门下。

在硕士阶段，单老师对我的要求是比较严格的。他在行政事务中分身出来指导我怎样读文献、写论文和申请书。他对测试和控制尤其在行，对我设计的实验装置和实验方案提出了很多修改意见。我记得最为深刻的是指导我写一个很小的项目申请书。从接到任务到最终交申报书的23天里，我的申报书从开头的几个重要大项直接开天窗，完全不知道写些什么，到逐步能填进去几句自己都觉得是在重复的话，再到自己觉得勉强能看，及至最后能上交，这个过程中本子被单老师改了近20次！先给我破题，然后给我改表述、改错别字、改标点甚至断句。我也从原来摸不着头绪到后来逐渐建立自己的逻辑思维和表述，得到了科研工作的锻炼。这份资料前两年搬办公室的时候还曾被找出来过，上面密密麻麻的修改字迹叫我慨叹。可惜当时随手放在一边，待回过头来就再也找不到了。在硕士论文的试验阶段，我使用常规的几种示踪粒子怎么也得不到较好的试验效果。这时候，单老师启发我结合PIV的测试原理，不要拘泥于常规示踪粒子，可以大胆地尝试别的方法。我带着帮忙的两位本科生，使用了钛白粉、蚊香，甚至收集实验室门口的半沤烂的落叶制备示踪烟气。当我们对比遴选出最合适的一款后，大家不禁在烟雾中欢呼雀跃起来。单老师给予我的科研训练，让我受益匪浅。每次准备开启激光器的“action”命令之前，孕中的我必定被帮忙的学生们推到门外去，一切处理停当才准许我进入实验间里面。这一幕幕成了我常常回味的记忆。

当我把硕士学位照片寄回家之后，爸爸激动地说这是我们家族里拿到的最高学位。犹记得当时我抱着儿子，满怀自信地说：“这还不算，我还得读博士！”只是没想到，我的博士之路走得如此漫长。

工作、照顾家庭、读书……读博路中有多少次纠结、牵扯和难以兼顾的当口，我已经记不清了。只知道每次想学“二师兄”撂挑子不干的时候，总有一双双大手托着我拉着我，鼓励我不要放弃……

我的博士阶段开启得很自然。在李德桃老师和潘剑锋老师的介绍下，凭着对薛宏老师才华的仰慕和为人的敬佩，我义无反顾地选择攻读他的博士。薛老师是李老师团队里又一位重要成员，公认的学术水平和品格双高。彼时他已经是美国加州州立工业大学的教授，同时也是我们江苏大学的兼职教授。2009 年的 10 月，我第一次见到了自己的导师：高高瘦瘦，语速轻缓，儒雅温和，嘴角总有一丝笑，眼里也总盛着一股暖意。第一次见面，只见他浅蓝牛津布衬衫配着一条泛白的 POLO 裤子，典型的美国 style。哦，这就是我的导师啊！在聊天过程中，他闲散地窝坐在沙发上，满含笑意的眼睛总是平视着我们，让我不会太紧张。不紧不慢的谈话，谈日常生活，谈科研动态和研究进展。当天的交流中，我就发现听不太懂他口中的一些概念（其实不少是我们流体力学和传热学等的基本概念，大概是当时太紧张的缘故），这反倒让我顿时豪情万丈地暗下决心要用功学习，先把底子打一打，跟着这么好的导师，一定要好好做点事呀。

博士刚开始的阶段，我每天上课，查论文看论文。由于我在国内能查到的相关基础文献非常有限，薛老师就不时地发些相关的最新文献给我作为补充。刚开始读英文文献很费心神，这种情形下我产生了缓一缓的想法。由于家庭和个人原因，在完成教学之余，我将大部分精力分配给了照顾家庭。时间很快过去，我却毫无进展，薛老师也很着急，不断地帮我分析并给我很多研究内容上的具体指导。可是苦于前期文献调研没能深入，周围也找不到人交流，当同届的博士同学中陆续有人答辩的时候，我却只能怯生生地和薛老师协商换研究方向，想利用已经建立的科研平台，从研究微尺度流动的DSMC模拟转到微尺度燃烧上来，这样在国外的薛老师和在国内的潘剑锋老师等都可以指导我。

在之后的日子里，两位老师不断地给我提供课题上的帮助和指导，在我退缩的时候给我鼓励。犹记得薛老师和我谈的有关做研究的一番话：通常做研究，我习惯先假设一个结果，然后由结果倒着推过程中会有些什么有意思的现象，这个现象与我们常规、常识的现象会不会相同？会不会不同？为什么？而不是由着眼前千篇一律的现象做下去，做到哪里算哪里，发现什么就是什么，那样太无趣了！几年之后，我坐在办公桌前，对着我即将送审的博士论文，看着已经破旧了的笔记本上自己记下的这几行文字，只感羞愧。不仅如此，薛老师曾几番提醒我注意边界层现象，注意破坏边界层后的流动传热的改变和影响。我竟然在几年中几乎没有用心去深入研究哪怕一点点！好在这些点拨最后还是构成了我毕业论文的一部分创新性内容。

由于薛老师长期在美国，我们之间的见面机会并不多，但是老师对我的指导却简练精要、直击问题核心。而我，这个不大合格的学生，很多时候不能理解到老师的那个层面和深度，稍有松懈，那些金句就从脑海晃晃悠悠地溜走了。这使我对薛老师产生了一种特别的感情：心理上非常愿意亲近，但是因为自己愚钝懈怠，又卑于上前。每次老师回国，我既兴奋又紧张，面见时都不知要说些什么，甚至想着哪怕就让我给老师端杯茶水拉把椅子吧，也是好的，希望老师能明白我的心意……

其实，后来和李老师、潘老师及唐老师等人的聊天中，我才知道，真的是我多虑和误解了。薛老师无疑是一个天资聪颖、刻苦勤奋的人，但同时也是一个充满温情、重情重义和注重家庭的人。他远远不是我片面想象的工作狂人、只认工作不顾其他任何事的人。在李德桃老师建立的科研团队里，他一直充当了重要角色，是跨国科研和用心培养人才的代表，是科研成就不断攀高的代表，是团队工作率先垂范的代表。他曾在新加坡国立大学任职，却在获得副教授的职称之后，为了一双孪生子获得更好的教育，毅然放弃已有的一切，举家赴美从零开始；他和师母一起精心培养孩子，将两个孩子都送入了美国顶级名校，而自己也获得了加州州立工业大学终身教授的教职；他会充分享受自己的假期，举家出游、回国探亲访友……这张弛有度、充盈饱满的人生，是他的人生，却也是激励我不断追求去为之努力的人生啊！

在我不能如期取得进展的时候，薛老师竟然细心到担心直接问我会增加我的压力，而费尽心思通过别的同学了解我的困难，鼓励我不能放弃，以至于当获知论文外审通过并可以答辩的消息时，我心里的第一个念头就是要赶紧通知他，让他放心，自己都没有顾上激动一番。在我的毕业答辩会上，薛老师专程回国，80高龄的李老师也颤巍巍地走进场内，而一直直接指导我的潘剑锋老师此时却选择了默默退后做着协调服务工作！团队给予我的支持、助力让我一生感激！

从单老师到薛老师和潘老师，他们都是李德桃老师亲手组建的科研团队的成员。从他们身上，我感受到严格的治学风范和高贵的个人品格。大家相互协作，共同把研究版图扩展，将研究成果深入，将人才培养和人才梯队不断建设、衔接和夯实。我本人就是从李老师所建立的“四跨”科研团队直接受益的实例。每一位成员的无私付出和精诚合作也深深地感染了我。以我较为熟悉的微动力和微燃烧研究方向为例，2000 年左右薛老师和李老师在海外短暂相遇，在讨论科研动态的时候，关于微动力系统的讨论和一些动向被他们敏锐地捕捉到并迅速引入国内，我们江苏大学也由此成为国内最早开展该领域研究的高校。多年来，我们在微动力和微燃烧领域获得了国家自然科学基金等在内的 10 余项项目。这期间，我们培养了该方向上的博士研究生 7 人，硕士研究生超过 20 人，他们中的不少人已经成为该领域内知名的科学家和技术负责人。

作者带领本科生参加全国大学生节能减排大赛（2018 年）

我何其幸运，遇到这样的导师！

我何其幸运，加入这样一支能拼搏、重传承、既严谨又和谐的团队！

新的征程，新的开始，在正当做事的年华里，我将以前辈们和导师为榜样，奋力拼搏，贡献自己的微薄力量。

作者简介

邵　霞（1978—），江苏大学副教授。2000年毕业于江苏理工大学，同年留校任教，2017年获江苏大学博士学位。主要从事微尺度燃烧、流动与传热的组织与优化，以及燃烧过程可视化测试等研究和相关教学管理工作，长期承担“传热学”“工程热力学”等课程的教学工作。主持科研项目3项，获省部级科技进步奖2项，授权国家发明专利2项。

我和“四跨”团队

唐爱坤

我是1999年9月进入江苏大学能源与动力工程学院（原江苏理工大学动力系）的，本科四年的专业为热能与动力工程。由于学习成绩优秀，2003年毕业后留校，正式成为一名大学教师。同年在职攻读硕士学位，并于2006年7月顺利获得硕士学位。毕业后，我又计划着继续攻读博士学位的事情，由于我院该专业的博导很少，加上在本校待了这么多年，我一心想到国内一些名校去完成这一学业。但是按照学校当时的政策，我们这种保研留校人员，需在硕士毕业满两年后才能报考外校，并且北京、上海等城市还要受限制，以防止违约事件的发生。因此，硕士毕业后的头一年时间里，教学工作占据了我主要的精力。在徘徊等待之际，我本科和硕士的同学兼好友黄俊，极力给我推荐了由李德桃教授、薛宏教授和潘剑锋副教授构成的研究团队。黄俊是江苏大学兼职博士生导师薛宏教授的第一个硕士，因此在读书期间也经常听他提及在该团队学习和科研的一些事情。于是，在综合权衡后，我于2007年报考了薛宏老师的博士，并顺利加入了由潘剑锋老师具体负责的微尺度燃烧课题组。

在读博士之前，各个场合下也见过李老师几次，印象中他就是一位德高望重的学者。第一次去李老师家的情景，印象非常深刻。李老师穿着很朴素，家里陈设也非常简单，茶几书房放着很多的文档和书籍。李老师跟我聊了很多家常，我没想到学术造诣这么深的一位老先生竟是如此的平易近人。当他拿出帮我修改好的一篇论文，翻阅后我突然发现纸质稿上小到措辞和图表格式，大到语句的增减和分析不到位的地方，他都用铅笔留下了各种记号，我由衷地敬佩他认真细致的做事风格和学术态度。尽管李老师年事已高，在读博期间对我的科研已没有太多精力去具体指导。但是，这么多年来，我跟他老人家一直保持着良好的交流。

2008 年，在众多学生的极力建议下，李老师决定将毕生的科研成果整理成一本学术专著出版，以便给相关科研人员提供参考和启迪。我和薛宏老师的一位硕士生段炼很有幸参与了从前期选稿、修订到后期校样等的全部工作，这期间，我跟李老师有着很长一段相处时光。我们首先对很多本同类别专著做了细致的调研，发现几乎都是把已发表的文章汇总给出版社，然后经简单排版后汇集成册，这对于著者本身基本上也就没有太多的工作量了。然而，李老师是一位精益求精的学者，他认为既然要给后人留下一些有价值的东西，就要认认真真地把这件事做到最好。因此，他制定了著作中的几个研究专题，根据已发表的近 200 篇论文，认真挑选了 80 多篇列为出版对象。随后，带着我们一起对所选的每一篇文章，进行了仔细的多次修改。那段时间，我仿佛成了一名编辑，拿着一支红笔，对打印出来的各个期刊论文进行纠错，发现有语言不通、图表不清晰、格式标点符号及参考文献不规范的地方，一一在上面标出。虽然这项工作很耗时间，但是我一直认为修改的过程，就是一个非常好的学习途径。到后来，我自己写论文或是给我的学生修改论文时，格式规范这一项基本上都能做得非常好，这跟参与出版专著工作时的经历自然是分不开的。实际上，所有论文中有相当一部分的修订工作是李老师自己亲自完成的。那年冬天，有很多天我们三个人都在一个房间里一起修改论文。

那会儿天气比较冷，李老师有几次还跟我们就在屋里面吃起了快餐。2008 年年底大雪灾时，全国各地都受到了不同程度的影响，镇江也不例外。我们担心路太滑，一直劝说他老先生待在家里，他笑着说走慢点就好了，还是天天地过来“坐班”风雪无阻。这种干劲我们年轻人都不得不服，或许这正是他多少年来工作状态的一个真实写照吧。其间，每当我针对文章中的疑问请教李老师时，他都会停下手头的事情，给我讲讲关于文章背后的故事。一段时间下来，我竟然听了很多很多他老人家当年科研方面的事情，从中体会到了李老师对于科学研究一丝不苟的态度，赞叹他在实验资源如此艰苦的条件下都能取得这么多的成果，更钦佩他潜心学术与乐善好施的人品。次年，论文集如期出版，不仅得到了相关人士的一致好评，还获得了华东地区大学出版社优秀专著一等奖。

后来，在我出国访学之前，还参与了李老师《我的人生》一书的前期修编工作，该书以一位“草根”教授的口气讲述了他自己成长、学习和工作的历程，以期鼓励青年学者勇于奉献、敢于创新、踏踏实实地搞科研。尽管那时李老师已经 80 岁了，他还是通过口述以及撰写手稿的方式，对该书倾注了常人无法想象的精力。李老师虽然不是我的导师，但却是我在江苏大学见面、交流次数最多的一位老师。可以说老先生就是一种“精神”，教学科研中面对困难有一股韧劲、生活中勤俭节约、为人不贪图名利、尊师爱生，所做科研工作均转化成了先进的生产力。不仅在科研工作上，即便在生活中，李老师对我的关心也是无微不至的，经常会在晚上打电话到办公室跟我聊聊天，问问我的近况，教诲我要不计较个人得失，搞好团队内部关系，做些有创新价值的研究工作。通话结束后总会叮嘱我早点回去休息。那一年，当他听别人说我准备买房时，主动找到我，问我首付的钱还缺不缺。更让我感动的是，第二天早上老人家就约上我去了银行，把他存折上所有的一万一千元都取给了我。后来，我了解到，黄俊也因同样的事情，得到了李老师的资助。自身勤俭却对学生提供各种无私的帮助和关心，我相信老先生大多数学生都能够继承这一传统美德，这也是他们能在各行各业中均做出较为突出的成绩的一个原因。李老师时常会说，跟我很谈得来，他对我的影响是深远的，我从他老人家身上学到的东西也是不可言喻的，这都将是伴随我一生的宝贵财富。

李老师一直倡导的“四跨”科研团队，对年轻一代的研究生和青年老师帮助很大，我便是其中一个受益者。该团队中身处美国的薛宏教授、新加坡国立大学的杨文明教授经常利用回国探亲的机会，对我们的研究进行耐心的指导。我也很有幸在杨老师那里做了一年的访问学者，从申请这一职位开始，他就一直给我提供着各种帮助。杨老师生活非常有规律，每天步行上下班，周六一般也都在学校工作。那时，每到周三或是周五的下午，杨老师便约上他的几个博士还有我和湖大的另外一个访问学者，来到工学院的一个活动中心，边喝咖啡边聊一聊各自的进展，并经常就微尺度燃烧的相关问题一起探讨。他的几个学生，性格跟杨老师一样都很随和，做起科研也非常努力，有的后来也回到了国内，一直跟我保持着很好的联系和沟通。而对于薛宏老师，我在读博期间，主要以邮件的方式跟他进行沟通交流，在微尺度燃烧这一研究方向上的创新点、研究思路等方面，他给了我极大的鼓励和建设性的意见。记得 2009 年那一次他回国探亲，总共在中国就一周的时间，而在江苏大学一待就是 2 天。其间，薛老师认真地听取大家的汇报，并针对各个研究生的实验和模拟计算均提出很好的意见和建议，几乎是全天连轴转。临走的时候，还硬塞给我 2000 元，让我挑个周末代表他带研究生们出去改善改善伙食。事实上作为江苏大学的兼职博导，他从学校获得的报酬相对于他在美国的收入是很少的。这种不计回报的付出，恰恰也是“四跨”团队最真实的价值体现。我刚到新加坡不久，恰逢薛宏老师也受邀到新加坡国立大学短期访学。在那一个月里，每逢傍晚时分薛老师就带我在学校周边散步。虽然离开那里十多年了，但一切对他来说又是那么的熟悉。这段时间，薛老师针对微尺度燃烧的现状和未来研究趋势，以及我刚开始涉及的新能源汽车研究方向均给出了他的一些想法和建议。这两位老师学识渊博，待人随和宽厚，颇有大家风范。当时跟我一起访学的中国人比较多，大家关系都非常好，其中涵盖了动力、机械、信息、控制、数学、医学等多个专业，他们跟两位老师都有着不同程度的接触，直到现在仍对他们的为人赞不绝口。

近年来，我积极开展了汽车热管理领域的研究工作，搭建了电池充放电和性能测试平台，构建出一系列一维/三维耦合仿真计算模型，获取了典型冷却系统各部件内部流动传热的基本规律，

作者在访学期间与杨文明老师的合影（2014年）

提出了液冷结合相变材料、热管技术及半导体芯片等多种耦合冷却方式，并成功开发出了电子风扇电机的 PWM 控制模块。在该研究方向上，已培养了多名优秀硕士研究生，他们毕业后均就职于吉利汽车研究院、泛亚汽车技术中心、卡特彼勒等行业知名企业。

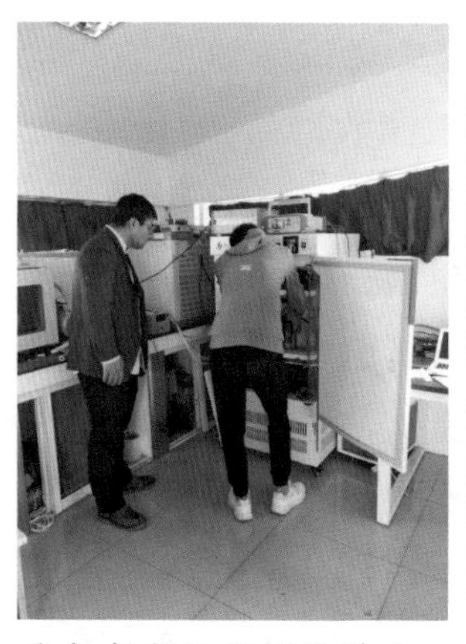

作者在实验室指导学生调试设备开展实验

荣誉证书

HONORARY CREDENTIAL

周谌 唐爱坤 蔡涛 黄秋涵

你们的墙报 掺氢甲烷微尺度燃烧过程火焰形态研究

荣获 2019 年中国工程热物理学会燃烧学学术年会优秀墙报奖。

特发此证，以资鼓励！

中国工程热物理学会燃烧学分会

二〇一九年十月

作者指导学生完成的研究工作获得中国工程热物理学会燃烧学学术年会优秀墙报奖（2019 年）

到目前为止，我培养的研究生中已有 4 名顺利毕业，6 名尚在读。其中，有两位学生都获得了国家研究生奖学金，他们一个已经在同济大学攻读博士学位，另一个则在积极申请海外留学的机会。平日里我也会跟学生们讲讲李老师以及“四跨”团队的点点滴滴，也积极地同国内外一些学者保持着紧密的联系和合作关系，希望这样的精神能在我和我的学生中继续传承下去，并不断地发扬光大。

作者简介

唐爱坤（1981—），江苏大学副教授，博士生导师。2003 年毕业于江苏大学热能工程专业，同年留校任教，2011 年获江苏大学博士学位。主要从事汽车热管理、换热器优化设计、微尺度燃烧相关的教学和研究工作，主持国家和省部级科研项目 5 项，曾获得江苏省优秀博士学位论文、省部级科技进步奖 4 项，入选江苏省“科技副总”、江苏大学“青年骨干教师培养工程”青年学术带头人。

饮其流者怀其源
不忘初心念吾师

黄　俊

“你是哪里人啊？家里情况都好吧？……”，一连串亲切而细微的家常关怀，让我一时很难将国内动力机械著名专家、两届全国人大代表等名誉和头衔与眼前这位和蔼慈祥、满头银发的老者联系在一起。第一次和李老师见面是十七年前我刚上研究生时，温暖人心的关怀仍历历在目，从此我有幸能近距离感受李老师的人格魅力，以及执着做人、认真做事的优良品格。

当时我选的是加州州立工业大学终身教授、江苏大学兼职教授薛宏老师作为研究生导师，薛老师是李老师开创的“四跨”团队中的早期成员，我非常荣幸成为薛老师在江苏大学的第一位研究生，同时也是李老师“四跨”团队的受益者。由于薛老师每年在江苏大学的工作时间不是很长，李老师也就成了我的研究生指导教师之一。

“要做好研究工作首先要学会做人，要好好做人”——这是李老师对我的第一条教导。正如李老师数十年如一日的坚持，他淡泊名利，潜心科研教学，虽然研究工作中遇到了各种各样的困难甚至是一些刁难，但李老师从不怨天尤人，而是坚韧不拔、另辟蹊径，开创了“四跨”团队，不仅为我国动力机械和工程热物理领域做出了独特的学术贡献，同时也为行业培养了大批科技人才。

“你尤其要锻炼提升资料翻译、试验开展、论文撰写等方面的能力，这三项是做科研工作的重要本领，来不得半点马虎。”李老师不仅提出了严格要求，而且事必躬亲地带着我开展各项研究工作。翻译资料的文档上，总有李老师亲自做出的修改记号；实验台架旁，李老师总会如期出现；论文修改稿上，李老师的批注密密麻麻，甚至对一些不确定的公式引用，还要亲自推导一遍才放心。不积跬步无以至千里，正是这些在研究生阶段苦练的基本功，为我日后的成长及工作的开展打下了扎实的基础。

每逢寒暑假回家，李老师都会根据实际情况布置些资料翻译和论文撰写的工作，印象最深刻的是有一次临近除夕我才发给李老师的一份论文初稿，竟然在大年初三就收到了李老师的修改意见。至于周末或是“五一”小长假，李老师都是和平常一样，时刻跟踪着我们的进展；试验工作开展时，李老师不仅对整体方案和思路提出意见，还经常到实验室对我们进行现场指导。李老师的师德故事已成为江苏大学师生口中流传的佳话。

承蒙李老师的厚爱和悉心指导，在两年多的时间内我的科研能力得到了全方位的锻炼和提高，从微燃烧样机设计、CAE 计算分析到试验工作开展等，我撰写了多篇论文，出色地完成了微燃烧课题研究内容。作为研究生班长，团结动力机械专业的同学们，圆满完成了学校下达的各项任务，并组织了多次集体活动，增强了班级凝聚力，得到了学院老师和同学们的一致好评。毕业时我也获得了“江苏大学优秀毕业研究生”荣誉称号。

然而李老师对我全方位的关心并没有随着研究生毕业而停下。当我在为工作担心忧虑时，李老师帮我一起分析行业形势和专业方向，从更长远的发展角度给了我很好的建议，而我最终也加入了中国一汽无锡油泵油嘴研究所，得以在内燃机领域继续开展深入的研究工作。我在研究所主要从事发动机性能开发及燃油系统设计开发工作，研究生期间打下的专业基础让我可以较快地上手这些工作，但想要做好做精还远远不够。走上工作岗位后，我还继续和李老师保持着良好的师生关系，经常促膝谈心。每当和李老师畅谈交流，聊到工作中的点点滴滴时，李老师总是建议我不要计较眼前得失，应该将注意力集中在科研工作本身，持续付出努力，关注于过程，结果自会水到渠成。在李老师的不断鼓励下，我也继承了李老师工作中的一股不服输的干劲，在任务忙时加班是一种常态，而空闲的业余时间则继续学习补充其他专业知识。在这些年的工作中，我和同事们一道完成了多种型号柴油机的排放升级工作，为祖国的“蓝天保卫战”和人民的绿色出行尽自己的绵薄之力。其中在“高压共轨系统开发”工作中完成的“新型可变喷油速率共轨系统”更是提升了我国燃油系统自主设计开发能力和市场竞争力。

此外，李老师对我的生活也非常关心。得知我要买房时，李老师第一时间打电话表示可以提供资金方面的帮助，“我们年纪大了，也花不了什么钱，这些钱你放心拿去用好了，不用着急还……”。“师者，所以传道受业解惑也”，这是先贤定义优秀老师的标准，而李老师对于我们的指导和关怀则远胜于此。

古稀之年退休，本应颐养天年，享受天伦之乐，但李老师根本闲不下来，一直心系学校的发展。除了继续关心指导研究生，还将自己以往的优秀学术论文归纳总结，整理出版《动力机械工作过程及其测试技术研究：李德桃教授论文集》，该论文集是李老师几十年研究成果和学术思想的总结，具有极高的学术价值、文献价值和实用价值。更为难能可贵的是，临近耄耋之年，李老师又出版了《我的人生：一位教授的草根情怀》一书。作为理工出身的科学家，出版一本人文书籍所面临的难度比科技论文集要大太多，个中滋味，唯有自知。而如今，李老师仍未停歇，还不惧艰难，勇于在创新的路上砥砺前行。

作者在中国一汽无锡油泵油嘴研究所发动机实验室进行发动机性能测试（2012 年）

“不忘初心，方得始终”——我想这也许是李老师通过身体力行来感染我们这些后辈们吧！我于 2006 年研究生毕业，进入中国一汽无锡油泵油嘴研究所，主要从事内燃机相关研发工作。在研究所的十多年时间，我得到了充分的继续学习和锻炼提高的机会，也非常感谢研究所各位领导、同事多年来在工作上对我的帮助！虽然我已经离开研究所前往一家外企工作，但在研究所的历程将永远是我人生中非常宝贵的财富。对于我个人而言，无论是在央企还是外企工作，初心不改，都将秉承李老师开拓创新不服输的精神，继续在工作中奋勇前行。

作者在推广应用活塞温度实时测量技术（2019 年）

当前新能源汽车的快速发展给传统内燃机行业带来了巨大冲击，对于“四跨”团队的发展，机遇与挑战并存，动力与压力同在。如何将传统内燃机的技术革新与新能源汽车的发展相结合，这或许是团队在追求初心道路上的又一个新的难题。

作者简介

黄　俊（1980—），高级工程师。2003年本科毕业于江苏大学热能工程专业，2006年获江苏大学硕士学位。主要从事发动机性能开发及燃油系统设计开发工作。曾获得全国机械工业科技进步一等奖1项，江苏省及一汽集团科技进步奖4项。

用草根精神锻造人生的辉煌

邹仁英

和李老师的相见是偶然的缘分，在意外的采访之中，我对李老师的一生有了更多的了解。还记得第一次敲响老先生家的门，迎面而来的是热情的招呼声，还有对年轻一代的关心。从自传《我的人生：一位教授的草根情怀》到《辉煌一课》，李老师用自己朴实的语言和动人的故事，带给我诸多的启发，并回答了许多让年轻一代困惑的问题，也将求真务实的品质传递给大家。

对每个人来说，几乎都有一个相同的困惑，那就是我要做什么？我的价值是什么？在访谈中，李老师提到自己进入内燃机行业，就是基于亲身实践及科技的力量，更直白地说，是因为落后的内燃机技术让农民的劳动强度增大，只有真正经历过苦难生活的人，才会有刻骨铭心的感受，这也提示我们，每个人都应该将自己的梦想与国家的发展、社会的进步相结合。作为一名食品专业的学生，解决好“民以食为天”的问题，正是我们的责任，如层出不穷的食品安全问题，缺乏走向世界的中国食品品牌，面对生产设备依赖国外引进等问题，都可以成为我们科研的重要方向。

在交流中谈到日、美等先进国家的一些差别上，李老师提出了一个令人深思的问题，那就是日本有些大学的实验室面积小，所用的设备简单，但是却能取得高质量的科研成果。在当今这个时代，我们需要肯定的是技术的发展可以提高设备的精准度、灵敏度，也更趋于智能化，但是科研并非仅仅取决于数据，更重要的是实验中每一个步骤的关联性、逻辑性，我们不应该一味地将重点放在设施的更新换代上，相反应该沉下心来，就像小草那样，把一根根根须深扎进泥土中，多多汲取营养，只有这样，才能周密地考虑实验方案及出现的问题。近期在阅读 *Nature*、*Science*、*Cell* 等高水平的文章时，也可以发现，这些高水平的文章虽然思路简单，但是每一个环节却又紧密相连，没有盲目跟风的恶习。

草根精神，贯穿于李老师的一生。我们可以闻到他如黄牛般耕田种地的乡土气息，可以感受到他攻坚克难时的坚定和决心。虽历经苦难的岁月，却如一株疾风中的劲草，生生不息。记忆深刻的是，李老师在访问京都大学时，全程埋头在技术问题的交流上，对游历当地的山水美景，却没有丝毫兴趣。为了解决柴油机冷启动的问题，老师必须在低温条件下，坚持着长时间的实验，导致腰部出现了韧带扭伤。伤好后仍实验如常。如此这般，一干就是十年，直至成功。我难以想象，一个人是如何能将一项研究坚持开展十年，或许是因为冷启动问题是世界各国都无法回避的问题，抑或是老师发扬小草的精神，促使他迎难而上，气温愈低而信念愈强，问题愈多而决心愈大，正所谓“疾风知劲草”也。而在当前的这个世界里，我们却逐渐变得浮躁，缺乏对科研选题的充分调研和深度思考，这正是中国论文数量多，但高水平文章少的原因，更有人在遇到困难时，不去选择应对，而是迂回地选择换掉课题，这样，在科研上的专注与投入变得越来越少，易出文章也就成为科研工作者追风的目标。作为一名研究生，可以说是科研工作者的胚胎，我们必须要坚持正确的科研操守，学会用时间来沉淀和检验，这样才可能收获累累硕果。

除了在科研上的启发，老师的非凡经历也带给我很多学习方面的启示，多读书，尤其是读一些经典的书是非常有必要的，在

作者参加学术比赛现场（2017 年）

访谈将近尾声的时候，老师还再三叮嘱大家一定要多读自己领域的经典书籍，他在自传中提到文学类书籍也是培养人情练达的有效途径，古人曾说“以铜为镜可以正衣冠，以人为镜可以明得失”，那么以书为镜，就可以在平行时空中体会多样的人生。在当前这个信息泛滥的时代，互联网让我们更加便捷地获取资源，但同时纷繁复杂的信息也让我们在资源查找中容易迷失方向，我们更倾向于用手机在零碎的时间阅读，甚至去获取一些无关紧要的资讯，从而缺少了对纸质书籍的阅读，我们更丢失了阅读时细细品味的深刻，少了些边读边批注的思索。而书籍可以说是智慧的结晶，里面蕴含着诸多的哲理和经验，我们必须将阅读习惯当作日常生活的一个不可或缺的部分。

在自传中，不论是来自于同行的评价还是学生对于恩师的印象，展现的都是一位德高望重的长者形象。在面对自己的科技成果时，他不收取任何费用，无偿地将自己的知识和智慧奉献给社会。当湖南邵阳汽车发动机厂生产的主导产品因为启动困难而出现滞销时，他果断地利用国家自然科学基金“涡流室式柴油机冷启动机理的研究”的成果，帮助解决了冷启动问题，让工厂取得良好的经济效益和社会效益。这正是孟郊诗中所说的“谁言寸草心，报得三春晖”的无私奉献的草根精神。在当前的社会中，技术和金钱的交易成了一种主流，就是因为缺乏草根精神所致。这也提示我们，在科技成果转化为实际产品的过程中，不应该将“创收”作为一个研究室的主要方向，而应该将社会责任感放在更高的位置，去享受学术成果带来的精神财富，把淡泊名利当成科研工作者最为理想的状态。

最为佩服的一点是，李老师从一个家境贫寒的农家子弟成长为内燃机领域的领军人物后，40 多岁还选择去罗马尼亚读博，而且这般年龄还需重新学一门外语，这就难上加难。很多时候，我们 20 多岁就在感慨太晚，错过了学习诸多知识的机会，但真的就晚了吗？事实是，只要心中装着国家的兴旺、民族的复兴，不管多大年纪都可以成为逐梦前行的新起点。

老师的出国经历也带给我很多启发，我曾经觉得高昂的出国费用是难以触碰的梦，但事实是，如果一个人足够优秀，有足够的能力，那么他将会有大量的机遇，而我现在可以做的就是培养自己具有足够的能力，不仅是语言能力，还包括科研能力、生活能力。可以说，李老师的经历就像一个参考价值很高的范本，当我对生活不满意时，想起老一辈们的艰苦生活，自然就少了些抱怨之声；当我迷茫畏惧不前时，一想起他们那草根般孜孜奋斗的精神，眼前自然就变得花红草绿了。

总之，《辉煌一课》，是老师一生的剪影，硕果累累。自传《我的人生：一位教授的草根情怀》，是他对自己孜孜奋斗的人生的总结，书中那朴实无华的文字，充满了攀缘向上的力量和取之不尽的哲理，一个个简单的故事，勾勒出老师永不停息的奋斗足迹。每一次重新阅读，都会有不同的启发，或许是因为我所处的环境和心态，以及所面临的问题不同吧，让我在每一次的阅读中，都能被不同的话语和故事深深打动。感谢李老师，用自己的语言和故事，为我们年轻人留下了一笔宝贵的精神财富，树立了好标杆；我也希望自己能学习老师身上的美德，做一位胸怀社会、关心国家、不计个人得失的有为青年。

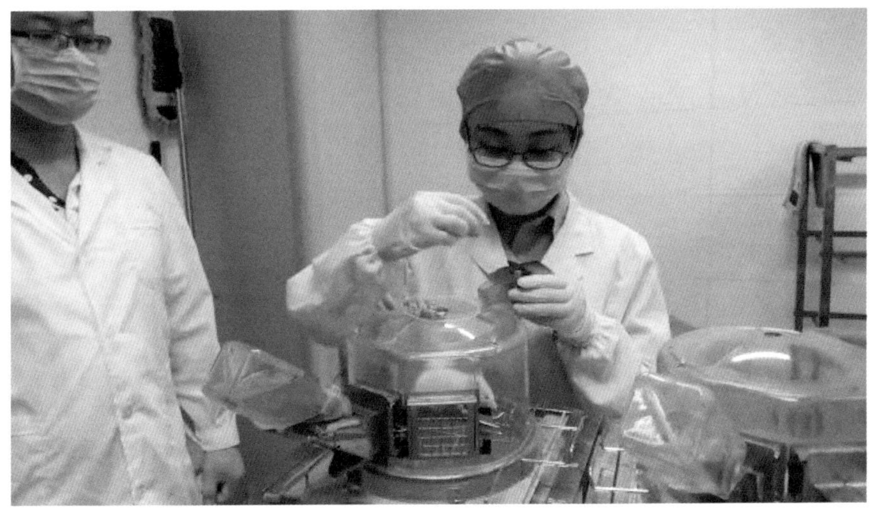

作者在实验室工作（2017 年）

作者简介

邹仁英（1995—），江南大学硕士研究生。2018年毕业于江苏大学食品学院，2017年获得全国大学生节能减排大赛一等奖、江苏省食品创新创业大赛一等奖。2016年和2017年连续获得江苏大学“优秀大学生记者”荣誉称号，在国家、省、市级报纸发表新闻稿十余篇。

编者按：此文为学生记者邹仁英采访李德桃教授后所感。她作为一名“90后”学生，对于在新时期里如何做人、如何做学问、如何搞科研等问题颇有见地，故将此文收入本书，以飨读者。

时值建国 70 周年，李德桃主编的“四代四跨”成书，读后令人感慨、振奋。江苏大学李德桃教授承前启后成功地带出了一个以培养内燃机、工程热物理高级科技人才为目的的四代“四跨”团队，成就斐然，是值得学习和钦羡的。

——史连佑（天津大学教授，《内燃机学报》原主编）

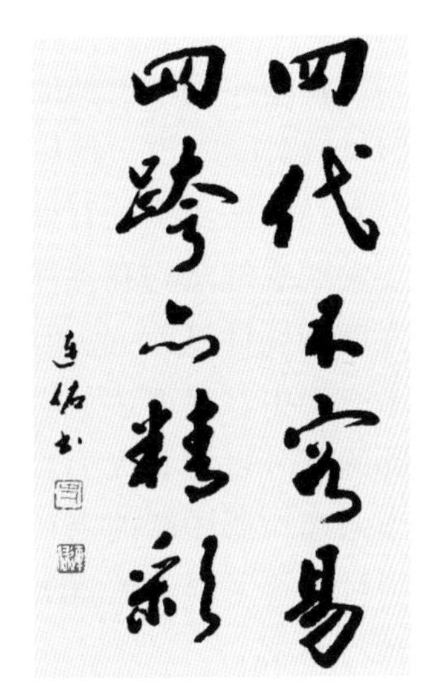

李德桃老师来我们常州柴油机厂时还是比较困难的时候，他常领同学来我厂帮我们解决技术难题，使 S195 型柴油机成为全国产量最高、质量最好、数量最大、经济效益最佳。产品图纸无偿发给多家柴油机厂，从而使 S195 型柴油机成为国内外产量最多的品种。

李老师和同学们都是日日夜夜为我厂工作，深入车间，解决问题，但生活条件艰苦，真值得我们这代人好好学习。

——汪志钧(原常州柴油机厂厂长兼总工程师，全国劳动模范、国家级有突出贡献专家、全国优秀企业家，西安交通大学兼职教授、同济大学兼职教授、中国内燃机学会常务理事，泰国 SUMOTA 柴油机中方代表)

我的导师李德桃教授多年前就酝酿，让他的许多风风雨雨一起走过来的同事和我们这些学生一起，将以往工作和学习中取得的一些进步和点点滴滴汇聚起来，与大家分享“四跨”团队成长故事。

我能成为李老师的学生，是在我的研究工作正处于一个十字路口的关键时刻。我从 1996 年开始柴油机共轨喷油系统的实验研究，经过两年多的开发研究，项目进入了一个十分困难的时期。要实现系统结构和性能的突破，需要我们的研发团队在理论分析深度和设计试验方法等方面必须有所突破。在一次与李老师的技术交流中，我表达了希望合作和进一步深造的想法，得到了李老师的充分肯定和大力支持。从此，我在李老师的亲自指导下，在李老师科研团队的密切合作和帮助下，多项科研项目尤其是共轨项目取得了很大的进展，本人共申请了十多项发明专利，学业也顺利完成。

回顾我的成长历程，深切体会到李老师作为团队带头人和团队合作的关键作用，李老师严谨的学风、锲而不舍的工作精神一直影响着我，我一直为加入这样的团队而自豪。

热烈祝贺《四代“四跨”科技人之路》出版！同时祝李老师的“四跨”团队在科研和教学方面不断取得新成就。

——胡林峰（教授级高级工程师。原中国一汽无锡油泵油嘴研究所副所长、现用一汽解放公司发动机事业部高级技术顾问）

《四代“四跨”科技人之路》跨越了半个多世纪的时代风云，凝结了一代代科技人的心血和汗水。书中的每一个人物，每一段故事都是时代一帧一幅的记录，都是人生一点一滴的写照。时空穿越之大，使得作者之间也许不曾有过直接的心灵和语言交流，然而，他们的故事却是紧紧相连，丝丝相扣，他们在诉说同样的故事，他们在谱写同一首歌。老一代的科技人读来一定会唤起许多难以忘怀的回忆，新一代的科技人读来自然会感受作为科技人的自豪和喜悦。其实，书中描写的亲情和友情，个人和团队，合作和贡献等一系列的话题又何尝不是我们每一个普通读者在自己人生的长河中时常会思考与面对的呢？！

——薛宏（美国加州州立工业大学终身教授。曾任美国机械工程师学会微纳米技术委员会副主任，学术期刊 *Building and Environment* 编委等职位）

我认为，大作的立意是很好的，大作的出版是很有意义的。把老一辈科学家如何全身心投入科教事业，如何言传身教培养年轻一代，以及几代人如何精诚合作共同开展科学研究和教书育人的点点滴滴呈现出来，这对于科技工作者的辛勤劳动和无私奉献是一种肯定，也有利于激励广大有志青年积极投身于我国的科教事业，为国家强盛和民族复兴做出自己应有的贡献。谨向大作出版表示祝贺!

——陈先初（湖南大学岳麓书院教授、博士生导师）

这是第 N 次拜读李老师的大作。

记得还是在 20 世纪 80 年代，我第一次学习到李老师关于涡流室式柴油机的论述，眼前豁然一亮，明白了提高该类柴油机启动性能的方向。从此以后，李老师的论文成了我的必读内容。除科技论文外，我还拜读了《柴油机涡流燃烧室的研究与设计》等多部专著。李老师的学术思想对我在柴油机预混合压燃方面的研究非常有借鉴意义。在这里，再一次对李老师表示最诚挚的谢意。

1985年，在大连工学院（今大连理工大学）举行的国内第一场内燃机博士答辩会上，我第一次见到李老师。李老师为了参加这次答辩会，冒着严寒，从江南赶到千里之外的大连。虽然因为火车晚点延迟一天到达，所幸还是赶上了会议的召开。这次见面让我对李老师有了更深入的认识、了解和更多的敬重。

今次，我又拜读了李老师的新作《四代“四跨”科技人之路》，让我更深深地感受到老一代教授们对事业的执着、对学生的关怀。李老师对戴桂蕊等教授们的深情回忆，也让我更加怀念我的恩师——柴油机热预混合压燃理论创始人、国家一级教授胡国栋先生，大连理工大学早期老师周经纬教授和梁伦慧教授。胡先生与李老师有着几十年亦师亦友的深厚情谊。而周老师、梁老师都与李老师保持着长期的学术联系。老一辈富有强烈的责任感和事业心，对教学和科研工作时刻充满着忘我的激情，是我们学习的榜样。

现在我们的科研条件已达到国际先进水平，和国际上的交往日益紧密，产学研合作也达到了新的高度，但是老一辈善于学习借鉴、不断创新实践的科学精神，艰苦创业、没有条件创造条件上的开拓精神，孜孜以求、锲而不舍、顽强进取、执着追求的奋斗精神，以身作则、朴素平易、宽以待人的无私精神，生命不息、奋斗不止的献身精神，必将继续激励着一代又一代的年轻学子敢为人先、勇于创新，为我国的科学技术的发展做出更大的贡献。

——隆武强（大连理工大学教授、博士生导师。中国内燃机学会常务理事、辽宁省内燃机重点实验室主任）

编后记

本书以“科技创新不断，文化传承不止”为主旨，描述了我们“四跨”学术团队和四代科技人走过的漫漫艰辛路，在不同历史时期砥砺奋进，为我国能源与动力机械的科学技术事业做出了重要贡献。

本书源于对第一代的老师的怀念和感恩，对校内外曾帮助本团队科研工作的单位和个人的感恩。后来又考虑到本学术团队需要进行经验总结，于是经过五年酝酿，三年写作，多次讨论和修改，现在终于集齐相关文章呈现在读者面前。本书涉及的时间跨度100多年，集科学性、纪实性、故事性和趣味性于一体，展现出我们事业的承前启后，继往开来。应该说，出版本书是一种尝试，也可能是一种创新。当然，主要希望它起一种“抛砖引玉”的作用，触动更多的科研人员、科研团队将他们的奋斗历程和经验展现出来，共享，共勉。

由于本书的作者都是科教人员，写科技史和人文文章都未经过专门的培养和训练，这方面可供参考的材料又少，写作过程遇到了一些困难，因此，可能作品不尽如人意。

好在修改过程中，得到了一些语言文学专家的指导和帮助，使本书的可读性得到了提升。当然，书中的不足仍然在所难免，敬请读者们批评指正。

本书得到了江苏大学新老校领导和能源与动力工程学院领导的大力支持。校党委书记袁寿其研究员和校长颜晓红教授都在百忙之中关心本书的编写和出版，使工作得以顺利进行。颜晓红校长，中国农业机械化科学研究院原院长、中国农业机械学会名誉理事长华国柱研究员，中国工程院院士李骏教授，天津大学内燃机燃烧国家重点实验室副主任姚春德教授为本书作序，史连佑、汪志钧、胡林峰、薛宏、陈先初、隆武强六位专家教授为本书写了书评，谨致深深的谢意和敬意。

书中26位作者所写的文章，虽经多次修改和讨论，但各篇毕竟是由不同作者独立完成的，有的经历非他人所知晓，因此若有疏漏或不当之处，文责自负，并敬请谅解。我们科研团队的其他成员，已在有关的著作中发表过的类似文章，这里就不收入了。此外，本书涉及的人物、事件的时间跨度很大，当年也没有意识到要认真保存一些重要资料，导致了书中一些历史照片不够清晰，请读者谅解。这里我们还要感谢吉林大学汽车工程学院林海兰院长为我们提供了第一代老师的多幅个人照片。

本书的编审人员是一支老中青结合、文理工结合、校内外结合的团队。参与本书的修改和编辑工作的专家、教授、同志有顾子良、林洪义、谭坤琮、吴世丰、李瑾、单春贤、王谦、何志霞、潘剑锋、邵霞、段炼、唐爱坤、胡松等。其中顾子良教授不顾高龄和病痛，审阅了大部分文章，对其中的几篇文稿做了多次修改，并与作者进行了多次讨论；林洪义教授非常认真地修改了大部分文稿；单春贤教授和邵霞、段炼、李瑾三位博士，统合了总稿的修改意见，并提出了一些修改建议。总之，参与编审和修改工作的所有同仁，都为书稿质量的提高做出了很大的努力，付出了辛勤的劳动。尤其需要提到的是天津大学史连佑教授，他不顾自己高龄且身患重病，仍通过书信告诉我们他的修改建议，并多次打电话进行详细说明。史教授助人为乐，认真负责的精神令我们十分感动。

本书在成稿的过程中，还得到以下专家教授的关心和帮助：李汉中、林松、何晓阳、薛宏、钱冀平、徐云峰、凌智勇、龙凌亮、邓贻德、周善云、朱亚娜、李启隆、段吉亮等。下列同志也为本书的修改和打印做出了贡献：张倚、陈祥、卢青波、范宝伟、胡亚敏、李慧、孙维等。在此一并致谢。

最后，我们还要感谢江苏大学出版社的良好合作和大力支持。出版社的芮月英总编和董国军副总编亲自参与本书的编审，使书的质量得到进一步的保证！

编　者

2020年5月